现代家政基础

主编　汪　妮　曾小娇　陈　悦

中国建材工业出版社

北　京

图书在版编目（CIP）数据

现代家政基础 / 汪妮，曾小娇，陈悦主编. -- 北京：中国建材工业出版社，2024.7
ISBN 978-7-5160-4029-4

Ⅰ. ①现… Ⅱ. ①汪… ②曾… ③陈… Ⅲ. ①家政学－职业教育－教材 Ⅳ. ①TS976.7

中国国家版本馆 CIP 数据核字(2024)第 023583 号

内 容 提 要

本书从家政服务员的职业要求出发，结合家政服务业的实际需求，全面、系统地介绍了与现代家政相关的理论知识和职业技能。全书共分为八个项目，分别为现代家庭与现代家政服务概述、现代家庭衣物洗护、现代家庭膳食烹制、现代家居卫生管理、现代家庭成员照护、现代家庭安全、现代家庭理财、现代家庭教育指导。

本书逻辑结构合理，体例设计新颖，内容通俗易懂，具有较强的实用性和指导性，可作为职业学校现代家政服务与管理专业及相关专业的教材。

现代家政基础
XIANDAI JIAZHENG JICHU
汪　妮　曾小娇　陈　悦　主编

出版发行：中国建材工业出版社
地　　址：北京市西城区白纸坊东街 2 号院 6 号楼
邮　　编：100054
经　　销：全国各地新华书店
印　　刷：三河市悦鑫印务有限公司
开　　本：787 mm×1092 mm　1/16
印　　张：14
字　　数：350 千字
版　　次：2024 年 7 月第 1 版
印　　次：2024 年 7 月第 1 次
定　　价：49.80 元

本社网址：www.jccbs.com，微信公众号：zgjcgycbs

前言 FOREWORD

近年来，我国新型城镇化建设加速，居民消费能力不断提高，社会分工日益细化，家政服务需求迅速增长，家政服务业市场规模持续扩大。2023 年 5 月，商务部、发展改革委联合印发了《促进家政服务业提质扩容 2023 年工作要点》。促进家政服务业提质扩容部际联席会议成员单位将从 6 个方面实施 25 项具体措施，推进家政服务业提质扩容。为了满足家政服务业的发展需求，培养一批具备较高专业素养的技能人才，编者精心编写了本书。

本书具有以下特色：

1 立德为本，培根铸魂

党的二十大报告指出："育人的根本在于立德。"本书有机融入党的二十大精神，在每个项目首页设置了"素质目标"模块，在正文中设置了"素质之窗"模块，引导学生树立正确的世界观、人生观、价值观。

例如，在讲解现代家政服务的意义时，介绍了《家政兴农行动计划（2021—2025 年）》的主要内容，让学生学习领悟国家政策、紧跟时代发展步伐；在讲解凉菜的制作方法时，介绍了凉菜文化，让学生了解我国博大精深的饮食文化，进而增强文化自觉、坚定文化自信；在讲解家居保洁的相关知识时，介绍了"最美家政人"——保洁员罗冬霞的事迹，培养学生敬业、乐业、勤业、精业的优秀品质。

2 校企合作，职业引领

为了突出本书的实用性和适用性，编者在编写本书时坚持"以就业为导向"，不仅与多所职业院校现代家政服务与管理专业的教师就本书的核心内容、体例设计等进行了深入交流，还走访了多家家政公司，向家政服务员了解现代家庭衣物洗护、现代家庭膳食烹制、现代家居卫生管理、现代家庭成员照护等方面的专业知识，并将其有机融入本书中，以帮助学生更好地学习专业知识、提高专业技能，为将来走上工作岗位打下坚实的基础。

3 体例新颖，易教易学

本书采用项目任务式结构编写，根据知识点设置项目和学习任务。具体来说，在每个任务开头设置了"任务导入"模块，通过具体的工作情景引出理论知识，激发学生的学习兴趣；在讲解理论知识时设置了"视野拓展""同步案例""小贴士""课堂互动"等模块，增强内容的趣味性与可读性，帮助学生开阔视野；在每个任务最后设置了“任务实施”模块，让学生通过案例分析、情景模拟等活动简单应用所学知识，从而实现“在学中做、在做中学”。此外，还在每个项目最后设置了“学习成果自测”和“学习成果评价”模块，帮助学生检测学习情况、巩固所学知识。

4 平台支撑，资源丰富

本书配有丰富的数字资源，读者既可以借助手机或其他移动设备扫描书中的二维码观看微课视频，也可以登录文旌综合教育平台“文旌课堂”查看和下载本书配套资源，如优质课件、教案、学习成果自测答案等。读者在阅读过程中有任何疑问，都可以登录该平台寻求帮助。

此外，本书还提供了在线题库，支持“教学作业，一键发布”，教师只需通过微信或“文旌课堂”App 扫描扉页二维码，即可迅速选题、一键发布、智能批改，并查看学生的作业分析报告，从而提高教学效率、提升教学体验。学生可在线完成作业，巩固所学知识，提高学习效率。

5 内容权威，来源可靠

本书结合《国家职业技能标准　家政服务员（2019 年版）》编写而成。此外，在编写过程中，编者还参考了我国权威机构发布的相关文件，如《纺织品　维护标签规范　符号法》（GB/T 8685—2008）、《保险术语》（GB/T 36687—2018），以及《中国居民膳食指南（2022）》《3 岁以下婴幼儿健康养育照护指南（试行）》《气象灾害预警信号及防御指南》《全国家庭教育指导大纲》等，以保证全书内容有据可依。

本书由谷延泽担任主审，汪妮、曾小娇、陈悦担任主编。由于编者经历和水平有限，书中可能存在疏漏和不妥之处，诚请广大读者批评指正。

特别说明：

（1）编者在编写过程中，参考了大量资料并引用了部分文章和图片等。大部分引用的资料已获授权，但由于部分资料来自网络，我们未能确认出处，也暂时无法联系到原作者。对此，我们深表歉意，并欢迎原作者随时与我们联系，我们将按规定支付酬劳。

（2）为增强内容的适用性，编者对所参考的资料进行了适当改编，具体包括调整逻辑结构、优化文字细节等。

（3）本书没有注明资料来源的案例均为编者自编或根据真实事件改编。

本书配套资源下载网址和联系方式

网址：https://www.wenjingketang.com

电话：400-117-9835

邮箱：book@wenjingketang.com

CONTENTS
目录

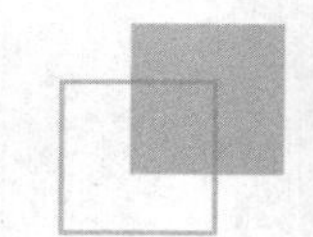

项目一 现代家庭与现代家政服务概述

项目引言

在新时代背景下，家庭结构正在发生变化，大量的家政需求随之产生，使家政服务业呈现出快速发展的趋势。正确认识现代家庭和现代家政服务，成为家政服务员从事家政服务工作的基础。本项目主要介绍现代家庭与现代家政服务的基础知识，为学生学习后续内容奠定基础。

知识目标

- 了解现代家庭的含义、类型和功能。
- 了解现代家政服务的含义、意义和类型。
- 熟悉现代家政服务的内容和家政服务员的职业礼仪。

素质目标

- 学习“阳光家政：关爱失独家庭”案例，大力弘扬无私奉献的精神，助力家庭友好型社会的构建。
- 了解《家政兴农行动计划（2021—2025年）》的主要内容，体会发展家政服务业对乡村振兴的重要意义。
- 学习家政服务员的职业礼仪并在实践中加以应用，提高道德修养和文明程度，争做文明礼仪的传承者。

任务一　认识现代家庭

任务导入

王太太一家生活在城市里，家里有王先生、王太太和正在上小学的儿子小明。近期，王太太的父母身体欠佳，王太太放心不下，便将父母接来一起居住。眼下，家里年长的父母和年幼的儿子都需要人照护，但王太太夫妻平时工作都比较忙，王太太便想到可以找一位家政服务员，于是联系了爱心家政公司。

思考：

（1）现代家庭可分为哪些类型？王太太的家庭属于哪种类型？

（2）现代家庭有哪些功能？上述案例中涉及的功能有哪些？

一、什么是现代家庭

家庭是指基于婚姻关系、血缘关系或收养关系，由共同生活的个体组建起来的社会组织。家庭成员是组成家庭的个体，共同生活是形成家庭的必要条件。如果某一家庭成员长期脱离原家庭而独自生活，则一般不将其作为原家庭的现有成员。

小贴士

《中华人民共和国民法典》（以下简称《民法典》）第一千零四十五条第三款规定："配偶、父母、子女和其他共同生活的近亲属为家庭成员。"其中，其他共同生活的近亲属包括兄弟姐妹、祖父母、外祖父母、孙子女、外孙子女。

现代家庭是指处于高度发达的现代社会中的家庭。具体而言，现代家庭具有以下特点：

（1）在物质生活方面，现代家庭经济比较富裕，能够满足日常生活所需，住房、家具和日常用品富有现代气息。

（2）在家庭观念方面，家庭成员拥有新的婚姻观、生育观、健康观，如主张婚姻自由、倡导优生优育、注重营养膳食等。

（3）在家庭结构方面，现代家庭从传统的"大家庭"转变为"小家庭"，"四二一"结构的家庭越来越多。

"四二一"家庭"养老难"

家庭结构是指家庭成员的构成和家庭成员之间的相互关系。

“四二一”结构的家庭是指由夫妻双方的父母（“四”）、夫妻二人（“二”）和独生子女（“一”）组成的家庭。

（4）在家庭成员的素质方面，现代家庭的成员大都受过良好教育，整体素质高，能够适应快速发展的社会。

（5）在家庭关系方面，女性的家庭地位大大提高，家庭成员相互依赖的程度逐渐减弱，夫妻关系成为影响家庭关系最主要的因素。

（6）在家庭教育方面，知识教育越来越受到重视，父母更加关注子女的智力开发，尽可能为子女提供优质的教育资源。

（7）在生活方式方面，家庭成员追求更高层次的精神享受，家庭休闲娱乐活动更加丰富多彩。

二、现代家庭的类型

（一）按家庭结构划分

按家庭结构划分，现代家庭可分为核心家庭、主干家庭、联合家庭和其他家庭。

1．核心家庭

核心家庭是指由一对夫妻或一对夫妻及其未婚子女组成的家庭。核心家庭规模较小，主要包含夫妻关系和亲子关系，家庭成员之间的关系较密切。

2．主干家庭

主干家庭是指由一对夫妻或一对夫妻及其未婚子女与夫妻中的男方父母或女方父母共同组成的家庭，一般是以夫妻为中心的三代同堂式家庭。主干家庭除包含夫妻关系、亲子关系外，还包含婆媳关系或翁婿关系、祖孙关系等。

3．联合家庭

联合家庭是指由一对夫妻和多个已婚子女共同组成的家庭，可能还包含已婚子女的后代。联合家庭规模较大，家庭成员之间的关系较复杂，除了主干家庭所包含的关系外，还包含妯娌关系、连襟关系等。

4．其他家庭

随着经济和社会的发展，家庭结构发生了变化，出现了单亲家庭、单身家庭、空巢家庭、丁克家庭、失独家庭等类型。其中，单亲家庭是指由丧偶、离婚或和配偶分居的一方与未婚子女组成的家庭；单身家庭是指由一人组成的家庭，包括未婚独身、离婚独身、丧偶独身等形式；空巢家庭是指子女成年离家后，只有中年或老年夫妻的家庭；丁克家庭是指夫妻不生育且不收养子女的家庭；失独家庭是指独生子女死亡后，其父母不再生育且不收养子女的家庭。

阳光家政：关爱失独家庭

失独者在失去独生子女后面临着养老无保障等现实问题，容易引发家庭、社会问题，给社会管理带来严峻挑战。

自 2011 年以来，上海市静安区益佳人口社会发展研究服务中心（以下简称“益佳中心”）已连续多年开展“心扶—关爱失独家庭阳光家政服务项目”，关爱在失去独生子女后遇到困难的失独家庭。

益佳中心秉承“平等、奉献、博爱、自愿”的服务理念，组织社会工作者、医生等专业人士为失独家庭提供以下服务：① 走进失独家庭进行陪伴，抚慰失独者的悲伤情绪，鼓励其重新燃起对生活的希望；② 组织失独者一同外出旅游，让其共享亲情；③ 开展主题讲座、团体辅导等活动，引导失独者回归社会，将部分失独者培养为志愿者。

“心扶—关爱失独家庭阳光家政服务项目”的开展，使失独者的负面情绪得到宣泄，家庭关系得到改善，许多失独者找到生活的重心，重新融入社会。

资料来源：人民资讯

（二）按居住环境划分

按居住环境划分，现代家庭可分为城市家庭和农村家庭。

1．城市家庭

城市家庭是指以城市为主要居住环境的家庭。基于城市的经济和文化氛围，城市家庭的生活内容更加丰富，生活方式也更加精致。相应地，城市家庭对家政服务的需求也更多。

2．农村家庭

农村家庭是指以农村为主要居住环境的家庭。农村家庭的成员处理家庭事务时更倾向于亲力亲为，因此对家政服务的需求相对较少。

随着经济的发展和网络的普及，城市家庭和农村家庭的生活水平都在不断提高，消费习惯和消费水平也逐渐趋同。

（三）按婚姻状况划分

按婚姻状况划分，现代家庭可分为初婚家庭和再婚家庭。

1．初婚家庭

初婚家庭是指夫妻双方均为初次结婚的家庭。在初婚家庭中，家庭成员较易适应家庭生活，也能较好地处理家庭问题。

2．再婚家庭

再婚家庭也称重组家庭，是指夫妻中的一方或两方在结束上一段婚姻后与当前配偶再婚组成的家庭。再婚家庭中的夫妻一方或两方可能已育有子女，因此面临着如何更好地与对方子女相处的问题。

现实中，现代家庭的类型较为复杂，同一家庭从不同角度看可能属于不同类型。例如，某一家庭从家庭结构的角度看属于核心家庭，从居住环境的角度看属于城市家庭，从婚姻状况的角度看属于初婚家庭。用多元的视角看待不同的家庭类型，成为当前构建家庭友好型社会的基本要求。

请根据所学知识判断以下家庭的类型：

（1）余太太和余先生是一对新婚夫妇，目前在武汉定居，没有子女。

（2）张大爷和张大妈一直生活在农村，只有一个女儿。前几年，女儿已远嫁到其他城市，逢年过节时会回家看望他们。

（3）因母亲去世，小丽一直由父亲抚养。在她上大学期间，父亲再婚。

三、现代家庭的功能

现代家庭既是个人生活的重要场所，能够为个人提供成长环境、教育指导、经济支持和情感支撑等；又是社会的基本单元，对建设和谐社会具有重要意义。具体来说，现代家庭具有以下功能。

（一）生育功能

现代家庭具有人口再生产的功能，种族的延续和民族的繁衍均以家庭为基本单位。对个人而言，生育子女是为了满足情感和生理需要；对国家和社会而言，现代家庭通过生育为社会提供足够的劳动力，可以保证社会有序发展。

（二）教育功能

家庭是个人接受教育的第一场所，家庭教育对促进个人品质、思想观念、生活技能等方面的发展具有不可替代的作用。近年来，人们越来越重视家庭教育的作用。实现家庭教育与学校教育、社会教育的有效衔接，是推动教育实现高质量发展的重要措施。

（三）扶养功能

扶养是指因亲属关系而发生的一方对他方承担的供养义务，包括平辈之间的扶养、长辈对晚辈的抚养和晚辈对长辈的赡养。在现代社会中，扶养义务主要以家庭为单位承担，包括经济层面的供养和生活层面的必要照顾。完善现代家庭的扶养功能，有利于建设“老有所终，壮有所用，幼有所长”的和谐社会。

《民法典》第一千零五十九条第一款规定：“夫妻有相互扶养的义务。”第二十六条规定：“父母对未成年子女负有抚养、教育和保护的义务。成年子女对父母负有赡养、扶助和保护的义务。”

（四）经济功能

现代家庭的经济功能主要体现在生产和消费两个方面。对个人而言，生产功能包括生产家庭生活所需的物质资料和获取货币等家庭财产，消费功能则是指满足每个家庭成员在衣、食、住、行等方面的消费需求。对社会而言，现代家庭的物质资料生产是社会生产的重要组成部分。现代家庭的消费结构不断优化，进一步推动了社会经济的发展。

（五）情感交流功能

情感交流是个人精神生活的重要组成部分。对个人而言，与家庭成员之间的情感交流是不可或缺的，个人的成长和情感观念的构建都依赖于家庭情感生活。同时，家庭成员之间能否顺利进行情感交流，也直接影响着家庭关系。充分发挥现代家庭的情感交流功能，有利于维护家庭的稳定，提升人们的幸福感。

（六）休闲娱乐功能

家庭是个人重要的休闲场所，在工作、学习之余，人们更倾向于回归家庭，和家人一起进行娱乐活动，从而放松心情、缓解压力。发挥现代家庭的休闲娱乐功能，既有利于个人陶冶情操，提高综合素质，也有利于加强家庭成员的互动和联系，使家庭情感更为深厚。

分析现代家庭的特点与类型

【任务描述】

根据2020年第七次全国人口普查（以下简称“七人普”）结果，河南省家庭户较第六次全国人口普查（以下简称“六人普”）发生了很多变化。

1．家庭户规模情况

七人普数据显示，河南省平均家庭户规模为 2.86 人/户，比六人普减少了 0.61 人/户。两次普查数据显示，2010—2020 年间，四人及以上的家庭户占比大幅降低，一人户和二人户占比大幅提高，三人户占比大致保持稳定。

2．家庭户类型情况

七人普数据显示，河南省家庭户类型以一代户和二代户为主，占比高达 82.94%。全省家庭小型化趋势明显，传统的四世同堂、五世同堂的大家庭户越来越少，核心家庭日益增多。

3．有老年人口家庭户情况

七人普数据显示，全省有 60 岁及以上老年人口的家庭户为 1 167.9 万户，其中有 65 岁及以上老年人口的家庭户为 918.5 万户，占总家庭户的比重分别达到 36.75%和 28.90%。

不论城镇还是乡村，有老年人口的家庭户比重均有所提高；乡村的比重高于城镇，而且和六人普相比，城乡有老年人口的家庭户占比差距进一步拉大。

资料来源：河南省人民政府官网

【实施流程】

（1）学生自由分组，每组 4～6 人，并选出小组长。

（2）小组成员阅读上述资料，就以下问题进行讨论：① 上述资料中体现了现代家庭的哪些特点？② 现代家庭可分为哪些类型？上述资料中体现了哪些类型？各种类型的家庭分别有何特点？

（3）小组长汇总、整理讨论结果，并在课堂上讲解。

（4）主讲教师对各小组进行点评。

任务二　认识现代家政服务

任务导入

阿秀在大学期间一直对家政感兴趣，毕业后便进入爱心家政公司，成为一名家政服务员。由于阿秀在培训中表现优异，公司决定由阿秀为王太太家提供综合家政服务。

阿秀非常开心，第一时间将这个好消息分享给了父母。然而，阿秀的父母对此并不看好，因为他们认为从事家政服务工作就是帮别人打扫卫生、照顾老年人和儿童。阿秀告诉父母，她需要应用专业知识和技能为现代家庭提供家居保洁、母婴护理、老年人陪护、家庭理财、家庭教育指导等服务，从事这份工作不仅不会浪费自己所学的知识，还可以为他人、为社会创造价值。听了阿秀的解释，父母渐渐理解了现代家政服务，并鼓励女儿好好干。

思考：

（1）什么是现代家政服务？现代家政服务的意义有哪些？

（2）现代家政服务包括哪些内容？

一、什么是现代家政服务

现代家政服务是指以现代家庭为服务对象，协助家庭成员对各类家庭事务进行实际操作和科学管理的过程。

对于传统家庭而言，家庭主妇是承担家政服务的主要角色。随着社会的发展和科技的进步，家务劳动逐步社会化，家政服务呈现出社会化、专业化的发展趋势。

二、现代家政服务的意义

现代家政服务直接影响着家庭成员之间的关系，间接影响着现代家庭的外部关系。具体而言，现代家政服务具有以下重要意义。

（一）满足家庭需求，改善家庭生活

经济高速发展使得现代家庭的消费水平不断提高，家庭生活习惯也随之发生变化，由此产生了更加多样的家庭需求。例如，在我国人口老龄化程度不断加深、三孩生育政策施行等因素的驱动下，很多家庭需要寻找专业人员更好地照护老年人和婴幼儿；人们越来越追求精致生活，需要专业人员处理家居保洁、整理与收纳、家庭环境美化等家庭事务。而家政服务员正好可以满足这些需求，从而提高人们的生活质量。

（二）创建和谐家庭，维护社会稳定

家庭成员的年龄、身份、性格等各不相同，因此会产生各种家庭问题，如家务分工不合理、夫妻关系不和谐等。过去，处理这些问题往往依赖于民间经验，缺乏科学指导，这就导致很多家庭问题无法得到妥善解决。随着现代家政服务日益专业化，人们开始科学地看待家庭事务，用科学的方法解决家庭问题、化解家庭矛盾，从而使家庭关系更加和谐。

社会是由一个个家庭组成的，家庭和谐有利于营造良好的社会氛围，从而稳定社会秩序。

（三）增加就业机会，促进经济发展

现代家政市场的需求多样，由此衍生出的家政服务业呈现出快速发展的势头，已成为稳增长、促就业的新兴业态。传统的保姆被细化为保洁员、育婴员、养老护理员等不同职业，一些新兴职业（如整理收纳师）也应运而生，为现代社会增加了大量就业机会。与此同时，家政服务业正向着专业化、标准化的方向发展，行业发展态势良好，有力推动了国家经济的繁荣发展。

据统计，2021 年，我国家政服务业从业人数高达 3 760 万人，市场规模已突破 1 万亿元。家政服务业属于朝阳行业，将为劳动者提供更多就业机会，在促进国家经济发展方面也会发挥更加重要的作用。

让家政服务业更好助力乡村振兴

2021 年 10 月 9 日，商务部等 14 个部门联合发布《家政兴农行动计划（2021—2025 年）》（以下简称《行动计划》），部署有效提升家政服务业吸纳农村劳动力就业成效、巩固家政扶贫成果、促进家政服务业提质扩容等工作。《行动计划》不仅明确到 2025 年，畅通农村劳动力特别是脱贫劳动力从事家政服务的渠道等具体目标，还提出加大动员帮扶力度、加强供需双方对接、促进家政服务下沉等 7 项 22 条工作举措，绘制出我国家政兴农工作的“路线图”。

我国家政服务业有效供给不足，在很大程度上是因为农村劳动力“出不来、留不住、干不好”。当前，我国家政服务业全行业服务缺口在 2 000 万人以上。为了让更多有意愿的农村劳动力接受家政服务培训，《行动计划》在加强家政服务岗位信息发布和收集、提升家政服务技能、维护家政服务员合法权益等方面做出多项具体部署，让家政服务员更加安心地走上家政服务工作岗位。

《行动计划》还注重解决消费者找家政服务员“找不着、找不起、找不好”的难题，更好地释放家政消费潜力。长期以来，服务质量是制约家政服务业发展的短板。《行动计划》明确了加强家政服务质量监测、开展家政服务质量第三方认证、实施家政服务标准化试点专项行动等举措，努力提升家政服务业整体发展水平，促进形成优质优价的良性循环。

资料来源：中国政府网

三、现代家政服务的类型

现代家政服务正朝着精细化方向发展，类型也更加多样。

（一）按服务内容划分

按服务内容划分，现代家政服务可分为单项服务和综合服务。其中，单项服务是指根据雇主的个性化需求提供的某一项服务，如单纯的家居保洁服务、婴幼儿照护服务等；综合服务是指根据市场需求和自身特点为雇主提供的全方位服务。

（二）按服务时间划分

按服务时间划分，现代家政服务可分为钟点服务和全日服务。

钟点服务一般是指服务时间不超过 4 小时的家政服务。钟点服务具有临时性，服务时间较灵活，服务费用以小时为单位进行计算。

全日服务是指全天为雇主提供的家政服务。全日服务包括全日住家服务和全日不住家服务，两者的区别在于家政服务员是否在雇主家住宿。需要注意的是，全日不住家服务的服务时间一般比钟点服务的时间长，且较为稳定，服务内容具有持续性。

你家里曾经购买过哪些家政服务？可能还需要哪些类型的家政服务？

四、现代家政服务的内容

现代家政服务涵盖的内容较为广泛，主要内容如表 1-1 所示。

表 1-1　现代家政服务的主要内容

项目	服务内容	具体事项
家庭劳务类	衣物洗护与收纳	洗涤、晾晒、熨烫衣物，对衣物进行整理与收纳
	家庭烹饪	关注家庭膳食的营养搭配，合理烹制家庭膳食
	家居保洁与保养	对家居环境进行保洁，保养墙面、地面、橱柜等
	宠物与植物养护	喂养猫、狗等家庭宠物，养护花卉、绿植
家庭成员照护类	孕产妇照护	照护孕妇和产妇的起居，帮助产妇顺利分娩，指导其恢复身体和形体
	婴幼儿照护	照护婴幼儿的起居，对婴幼儿进行启蒙训练
	老年人照护	照护老年人的起居，为老年人提供陪伴服务
	病人照护	照护病人的起居
家庭管理类	家庭理财	辅助制订家庭理财方案，合理计划家庭日常开支
	家庭教育指导	对家长进行教育指导，为儿童提供教育服务，包括智力教育、品德教育等
	家庭咨询	针对各种家庭问题提供咨询服务，包括婚姻咨询、家庭心理咨询等
其他	根据具体家庭需求提供服务	如管理家庭档案、制订家居美化方案、制订家庭休闲娱乐方案、陪同出行等

家政服务层层出新

随着经济与社会的发展，互联网与家政服务不断融合，家政服务的内容更趋专业化，涵盖物品整理、花卉养护、垃圾分类上门代收、心理辅导、按摩理疗等。

各大家政平台纷纷推出了多种家政服务，并制定了相应的服务标准。例如，“天鹅到家”平台提供的服务包括搬家、开锁与换锁、数码产品维修、管道疏通等100多个细分品类，基本涵盖了现代家庭生活的方方面面；“京东家政”平台将原有的112项服务标准升级至138项，新增垃圾桶冲洗消毒、鞋底擦拭等服务项目。

资料来源：人民网

五、家政服务员的职业礼仪

家政服务员是指从事现代家政服务工作的人员，包括家务服务员、母婴护理员和家庭照护员。家政服务员在提供家政服务时，应注意以下职业礼仪。

（一）形象礼仪

形象礼仪是家政服务员最基本的职业礼仪，具体包括仪容礼仪、服饰礼仪和仪态礼仪。

1．仪容礼仪

仪容主要是指人的容貌。家政服务员应注意以下仪容礼仪：

（1）头发：梳理整齐，切忌披头散发；发型简单，不追求新潮、怪异的发型；发饰的样式以简约大方为主，不宜过于浮夸。

（2）面部：保持面部洁净；女性可以化淡妆，但切忌浓妆艳抹。

（3）口腔：勤漱口，保持口气清新，工作前避免吃有刺激性气味的食物。

（4）手部：勤洗手；勤剪指甲，不宜美甲。

2．服饰礼仪

家政服务员应注意以下服饰礼仪：

（1）根据工作需要选择合适的服装，服装不得过于暴露、宽松或紧绷，以便于家政服务工作的开展；可视情况穿戴必要的防护衣物，如鞋套、围裙、手套等，如图1-1所示。

图1-1　服饰礼仪

（2）保持服装整洁，勤洗勤换，以免出现异味。

（3）除结婚戒指等必要首饰外，工作期间不宜佩戴其他首饰。

从事不同家政服务工作时，家政服务员的着装要求可能会有所不同。例如，母婴照护员应严格把控服装的甲醛含量、pH 值等关键指标。

此外，部分家政公司也会要求家政服务员统一穿着印有品牌 logo 的服装。

3．仪态礼仪

仪态主要是指人的姿态。家政服务员应注意以下仪态礼仪：

（1）站姿：站立时保持身体直立，抬头，挺胸，收腹，目视前方；双手可以相握（图 1-2）或自然放于体侧；避免出现倚墙、倚门、探脖、弓背等不雅的站姿。

图 1-2 双手相握

（2）坐姿：缓慢落座且保持身体稳定，如穿着裙装，应在落座前整理好衣裙，切忌落座后整理；落座后保持腰背挺直，臀部占座椅的 2/3，两腿并拢或微微张开；不宜躺坐在座椅上，坐定后切忌抖腿、驼背。

（3）蹲姿：右脚在前，左脚在后，臀部垂直下蹲；蹲下时右脚掌全部着地，右小腿与地面垂直，用以支撑身体；左脚前脚掌着地，脚后跟抬起；着裙装下蹲时应注意避免走光；切忌弯腰撅臀。

（4）手势：指示某物或某人时宜用手掌（图 1-3），不要用手指指向他人；不宜做出打响指、抓耳挠腮、竖中指等不雅的手势。

（5）表情：面部表情真诚、友善，目光亲切、有神；保持微笑，不宜大笑；切忌表情夸张，更不能做出鄙夷、嫌弃等表情。

图 1-3　用手掌指示某物或某人

（二）交际礼仪

家政服务员在初次上门服务时，应当主动进行自我介绍，说明自己的姓名、身份和服务内容，并及时解答雇主的疑问；平常在雇主家服务时，也应主动打招呼，以拉近与雇主之间的关系。

具体而言，家政服务员在提供家政服务时，需要注意以下基本的交际礼仪。

1．称呼礼仪

家政服务员在称呼雇主及其家庭成员和客人时，需要准确选择称呼。具体可参考以下方法：① 对成年男性可称呼“先生”，对成年女性可称呼“女士”；② 根据辈分选择称呼，如对长辈可称呼“爷爷”“奶奶”“叔叔”“阿姨”等，对同辈可称呼“大哥”“大姐”“弟弟”“妹妹”等；③ 随雇主的子女称呼其他家庭成员，如“××妈妈”；④ 根据职业选择称呼，如“王老师”“赵医生”等。

初进雇主家时，家政服务员也可以直接向雇主请教如何称呼，选择雇主较为习惯的称呼。

古人的称呼

古人在称呼他人时，往往使用尊称，常用的有“父”“子”“长者”“先生”“公”“君”“足下”等。对象不同，使用的尊称也不同。

“父”是对年长男子的尊称，如仲尼父（孔子）、禽父（周代鲁国始祖，周公旦长子）；“子”多用来表达学生对老师的敬意，如孔子、孟子，也有的在字前面加“子”，如子贡（端木赐，孔子的学生）；“长者”和“先生”一般是对有德行者的尊称，如伍子胥、信陵君等在古代都被人称为“长者”；“公”“君”“足下”的应用范围较广泛。

古代官场中还有一些专用的尊称，如君称臣为“卿”“爱卿”，臣称君为“陛下”。另外，人的字、号也属尊称，但只能用于特指的个人。

资料来源：白城日报

2．言谈礼仪

家政服务员与人交谈时，需要注意以下礼仪：

（1）选择合适的语言。一般情况下应选择普通话，但在服务老年人等特殊群体时，在条件允许的情况下，宜选择对方更为熟悉的语言，让对方感到更为亲切。

（2）语调平稳、吐字清晰、音量适中，保证对方既可以听清楚说话内容，又不会感到不适。

（3）说话内容文雅，常用敬语、谦辞等礼貌用语，避免说粗话、脏话。

视野拓展

常用礼貌用语

（1）问候语："您好！""各位好！""早安！""晚安！""近来好吗？"等。

（2）迎送语："欢迎！""欢迎您的到来！""很高兴见到您！""再见！""慢走！""您走好！""一路顺风！""多多保重！"等。

（3）答谢语："谢谢！""非常感谢！""劳您费心！""多谢您的好意！""给您添麻烦了！""辛苦您！"等。

（4）致歉语："对不起！""请原谅！""很抱歉！""失礼了！""请多包涵！""打扰了！"等。

（5）接受对方致谢或致歉的用语："不用谢！""不客气！""没关系！""请不要放在心上！"等。

（6）请托语："劳驾！""拜托！""请问可否帮个忙？""请稍等！""请多多关照！"等。

（7）征询语："我可以帮您做点什么吗？""您需要帮助吗？""有什么事情需要我做吗？"等。

（8）祝贺语："恭喜！""节日快乐！""祝您身体健康！""祝您事业顺心！"等。

资料来源：浙江政务服务网

（4）始终保持诚恳、友善的态度，善于倾听，尊重他人。当他人讲话时，应面向对方，以示尊重。

（5）懂得"不说"的礼仪。例如，在他人讲话时，不随意插话；不过问雇主及其家庭成员的个人隐私；非必要不参与家庭成员之间的交谈；不随意传话，不刻意歪曲他人的意思；不随意议论雇主及其家庭成员；不信谣，不传谣。

小贴士

基于工作需要，家政服务员也可以充分利用各种交流机会，深入了解各家庭成员的性格、喜好和生活习惯，并在此基础上为其提供更好的家政服务。但如果家庭成员对此感到不适，家政服务员应及时终止此类话题。

3．接待礼仪

家政服务员在雇主家提供服务时，可能需要帮雇主接待客人，此时就需要注意以下礼仪：

（1）在客人来访前做好接待准备工作，包括打扫卫生、布置环境、整理个人仪表等。

（2）当客人光临时，应及时为客人开门，礼貌地欢迎对方，引领客人就座，并为其准备茶水、点心。如客人带了礼物，应双手接过，并在征求雇主意见后将礼物放至指定位置。

（3）在雇主和客人交谈时，不宜随意走动，必要时需要回避。如雇主有服务需要，则应根据具体情况在一旁提供服务。

（4）当客人告辞时，应将客人送至门口或楼梯口，并目送客人离开。

小贴士

为了保证家庭安全，在客人上门时，家政服务员应确认对方身份后再开门，并告知雇主有客人来访。如客人上门时雇主不在家，则不宜开门，可以让对方告知来意，自己代为转达。

（三）就餐礼仪

一般情况下，家政服务员不宜与雇主及其家庭成员和客人共同就餐，而应选择合适的位置单独就餐。在就餐过程中应注意保持卫生，不乱扔垃圾，并及时清理污渍。但若雇主热情地邀请共同就餐，家政服务员可以礼貌接受，在就餐过程中需要注意以下礼仪：

（1）在其他就餐人员入座后，再选择合适位置入座，注意不要坐在主位（一般是正对餐厅入口的最远位置）；入座后需保持坐姿端正，身体与餐桌保持适当距离。

（2）就餐时，需要根据雇主家的就餐习惯选择合适的餐具；夹菜应适量，注意夹菜时不要上下翻弄，不要将菜汤滴在餐桌上；吃饭时需要注意自己的仪态，切忌狼吞虎咽；口含食物时不宜与他人交谈。如雇主为自己夹菜，应双手捧碗接过，并表示感谢；如要打喷嚏或咳嗽，应及时将头偏离餐桌和他人，并用纸巾捂住口鼻。

（3）就餐完毕，应向其他就餐人员示意，礼貌地说“请您慢用”后，再离开餐桌；起身后应注意从座位左边离开，动作轻柔，以免产生较大的声响。

（4）待全体人员就餐完毕后，应及时收拾餐具、剩饭剩菜和食物残渣，清理餐桌（图 1-4）。

家政服务员的职业道德要求

图 1-4　清理餐桌

任务实施

模拟家政服务过程

【任务描述】

雇主 B 需要宴请一些亲朋好友，找到家政服务员 A 来家里帮助接待客人、准备餐食。请基于家政服务员 A 初次上门、帮助接待客人、邀请客人就餐、被邀请共同就餐等情景，模拟家政服务过程。

【实施流程】

（1）学生自由分组，每组 4 人或 5 人，并选出小组长。

（2）小组长查阅资料，拟定服务过程和应注意的礼仪，并将其以书面形式记录下来。

（3）小组长进行任务分工，让各小组成员分别扮演家政服务员 A、雇主 B 和客人，并模拟以上情景的服务过程。

（4）小组成员根据自己所扮演的角色，从服务者和被服务者的角度就家政服务员的职业礼仪谈谈自己的感受。

（5）主讲教师对各小组进行点评。

学习成果自测

1．填空题

（1）按家庭结构划分，现代家庭可分为________、________、________和________。

（2）现代家庭的经济功能主要体现在________和________两个方面。

（3）按服务内容划分，现代家政服务可分为________和________。

2．单项选择题

（1）（　　）是指由一对夫妻或一对夫妻及其未婚子女组成的家庭。

A．核心家庭　　B．主干家庭

C．联合家庭　　D．其他家庭

（2）（　　）不属于现代家庭的功能。

A．扶养功能　　B．经济功能

C．法律功能　　D．休闲娱乐功能

（3）（　　）不属于现代家政服务的内容。

A．家居保洁　　B．公共设施维修

C．宠物喂养　　D．病人照护

（4）（　　）一般是指服务时间不超过 4 小时的家政服务。

A．钟点服务　　B．全日住家服务

C．全日不住家服务　　D．以上都是

（5）家政服务员与人交谈时，不正确的做法是（　　）。

A．选择自己熟悉的语言　　B．语调平稳、吐字清晰

C．说话内容文雅　　D．保持诚恳、友善的态度

（6）家政服务员在与雇主及其家庭成员和客人共同就餐时，不宜（　　）。

A．使用公筷夹菜　　B．打喷嚏时用纸巾捂住口鼻

C．吃完饭就下桌　　D．吃饭时注意自己的仪态

3．简答题

（1）简述现代家庭的特点。

（2）简述现代家政服务的主要内容。

（3）简述家政服务员应注意的服饰礼仪。

学习成果评价

请进行学习成果评价，并将评价结果填入表 1-2 中。

表 1-2　学习成果评价表

班级：＿＿＿＿＿＿＿＿　　姓名：＿＿＿＿＿＿＿＿　　学号：＿＿＿＿＿＿＿＿

<table>
<tr><th rowspan="2">评价项目</th><th rowspan="2">评价内容</th><th rowspan="2">分值</th><th colspan="2">评分</th></tr>
<tr><th>自我评分</th><th>教师评分</th></tr>
<tr><td rowspan="5">知识
（40%）</td><td>现代家庭的含义和类型</td><td>7</td><td></td><td></td></tr>
<tr><td>现代家庭的功能</td><td>3</td><td></td><td></td></tr>
<tr><td>现代家政服务的含义、意义和类型</td><td>10</td><td></td><td></td></tr>
<tr><td>现代家政服务的内容</td><td>8</td><td></td><td></td></tr>
<tr><td>家政服务员的职业礼仪</td><td>12</td><td></td><td></td></tr>
<tr><td rowspan="2">技能
（40%）</td><td>能够与他人协作，顺利开展任务实施活动</td><td>20</td><td></td><td></td></tr>
<tr><td>能够在实践中应用家政服务员的职业礼仪</td><td>20</td><td></td><td></td></tr>
<tr><td rowspan="4">素养
（20%）</td><td>听从教师指挥，遵守课堂纪律</td><td>5</td><td></td><td></td></tr>
<tr><td>培养团队精神，提高团队凝聚力</td><td>5</td><td></td><td></td></tr>
<tr><td>增强服务意识，提高服务能力</td><td>5</td><td></td><td></td></tr>
<tr><td>守正创新，自信自强</td><td>5</td><td></td><td></td></tr>
<tr><td colspan="2">合计</td><td>100</td><td></td><td></td></tr>
<tr><td colspan="3">总分（自我评分×40%+教师评分×60%）</td><td colspan="2"></td></tr>
<tr><td>自我评价</td><td colspan="4"></td></tr>
<tr><td>教师评价</td><td colspan="4"></td></tr>
</table>

项目二
现代家庭衣物洗护

项目引言

衣物洗护是家政服务员的重要工作内容之一。随着生活条件的改善，现代家庭越来越追求精致生活，在衣物洗护方面，更加重视衣物的洁净度和品质维护，这就对家政服务员提出了更高的要求。本项目主要介绍衣物洗涤、衣物晾晒和衣物熨烫的相关知识，帮助学生培养衣物洗护技能。

知识目标

- 了解衣物洗涤的基础知识。
- 熟悉不同面料衣物的洗涤方法和常见污渍的去除方法。
- 熟悉不同面料和不同类型衣物的晾晒方法。
- 了解衣物熨烫的基础知识。
- 熟悉不同面料和不同类型衣物的熨烫方法。

素质目标

- 学习《纺织品 维护标签规范 符号法》(GB/T 8685—2008)，培养规范意识和科学严谨的工作作风，提高个人职业素养。
- 学习衣物洗涤与熨烫的质量要求，培养质量意识，坚持高标准、严要求的工作态度。

任务一　衣物洗涤

任务导入

一天，阿秀正在洗涤衣物，她首先查看了衣物上的维护标签，发现有一件羽绒服只能手洗，而其他衣物都是纯棉面料，无须特殊处理。阿秀便将羽绒服单独拿出，放在冷水中浸泡，然后将纯棉衣物按颜色深浅分两次放入洗衣机内洗涤。王太太对此感到好奇，询问阿秀为何不将羽绒服也放进洗衣机内洗涤。阿秀回答说："羽绒服面料透气性较差，放洗衣机里洗可能会引起爆炸，所以得手洗。"

过了一会儿，阿秀往正在漂洗的洗衣机内倒了一些衣物护理剂，王太太惊讶地问道："漂洗环节为什么要加这个呢？"阿秀回答说："这是衣物护理剂，漂洗时加一点可以防止衣物褪色。"

思考：

（1）洗涤衣物时需要注意哪些事项？

（2）为什么羽绒服需要手洗？

一、衣物洗涤的基础知识

（一）洗涤方法

目前常用的衣物洗涤方法有三种，即水洗、干洗和湿洗。

1．水洗

水洗是指用清水和洗涤剂洗涤衣物的方法，包括手工水洗（以下简称"手洗"）和机器水洗。水洗的一般步骤如下：① 在清水中添加适量洗涤剂，适当浸泡衣物；② 手工搓洗或用洗衣机（图 2-1）洗涤衣物；③ 漂洗；④ 脱水。

波轮式洗衣机

滚筒式洗衣机

图 2-1　洗衣机

小贴士

衣物浸泡时间可以根据面料和污渍的类型确定，水温一般不宜超过 40 ℃；洗涤剂用量可以根据衣物的数量和脏污程度确定。

视野拓展

手洗的方法

手洗的方法有刷洗法、搓洗法、拎洗法和挤洗法等。

（1）刷洗法是指用软毛刷蘸取水和洗涤剂来洗涤衣物的方法。

（2）搓洗法是指将衣物整体或部分团在一起后用手揉搓的方法。

（3）拎洗法是指不断拎起衣物，使其在水中上下冲刷的方法。

（4）挤洗法是指不断挤压衣物，使其在膨胀时吸入洗涤剂，收缩时排出洗涤剂，从而达到洗涤目的的方法。

资料来源：搜狐网

2．干洗

干洗是指使用干洗溶剂洗涤衣物的方法。为了更好地去除衣物上的污渍，可以在干洗溶剂中加入少量的水作为表面活性剂。干洗的一般步骤如下：① 对污渍进行预处理，如去除衣物表面的灰尘和顽固污渍；② 使用干洗机（图 2-2）洗涤并烘干衣物；③ 去除衣物上残留的干洗溶剂。

图 2-2　干洗机

3．湿洗

湿洗是指以水为洗涤介质，使用可精确控制的湿洗机（图 2-3）和专用洗涤剂洗涤衣物的方法。湿洗的一般步骤如下：① 对污渍进行预处理；② 使用湿洗机洗涤衣物；③ 使用专门的烘干机（图 2-4）将衣物烘干。

图 2-3　湿洗机

图 2-4　烘干机

在英文中，水洗为 washing，干洗为 dry cleaning，湿洗为 wet cleaning。

干洗和湿洗是两个相对的概念。20 世纪末，为了减少干洗溶剂对环境的危害，洗涤业的污染物排放标准愈发严格，导致洗衣店运营成本增加，从业者便开始探索更为环保的洗涤方法，而湿洗正是其中之一。

4．水洗、干洗和湿洗的区别

水洗是现代家庭常用的洗涤方法，而干洗和湿洗是专业洗衣店常用的洗涤方法。从洗涤剂、洗涤效果、洗涤成本和安全性来看，三种洗涤方法存在着明显区别，如表 2-1 所示。

表 2-1　三种洗涤方法的区别

洗涤方法	洗涤剂	洗涤效果	洗涤成本	安全性
水洗	洗衣粉、肥皂、洗衣液等碱性洗涤剂	（1）可有效去除水溶性污渍； （2）易损伤衣物，导致衣物变形、褪色	只需要一定量的水和洗涤剂，成本最低	（1）如碱性洗涤剂残留较多，会危害人体健康； （2）洗涤剂中的化学物质一般不会挥发到空气中，比较环保
干洗	四氯乙烯、三氯三氟乙烷等干洗溶剂	（1）可有效去除油渍； （2）可保护衣物，使其不变形、不褪色	需要专用的干洗机和干洗溶剂，成本较高	（1）干洗溶剂会释放有害物质，危害人体健康； （2）干洗溶剂具有挥发性，会污染空气

续表

洗涤方法	洗涤剂	洗涤效果	洗涤成本	安全性
湿洗	呈弱酸性或中性的专用洗涤剂	（1）洗净度较高，可有效去除水溶性污渍，但不易去除油渍； （2）可保护衣物，使其不变形、不褪色、无异味	用水量少，但需要配备专用洗涤剂、湿洗机和烘干机，成本最高	（1）洗涤剂残留较少，不会危害人体健康； （2）洗涤剂不会挥发有害物质，比较环保

（二）洗涤注意事项

1．查看衣物维护标签

根据《纺织品 维护标签规范 符号法》（GB/T 8685—2008），所有衣物类商品都有明确的维护标签，用于说明衣物水洗、漂白、干燥、熨烫和专业维护等方面的注意事项。

家政服务员应了解衣物维护标签上的基本符号（表 2-2），在洗涤衣物前查看衣物维护符号（表 2-3），并根据维护符号选择合适的洗护方法。

表 2-2　衣物维护标签上的基本符号

基本符号	说明	基本符号	说明
	水洗		不允许的处理
	漂白		缓和处理
	干燥		非常缓和处理
	熨烫	不带“℃”的数字（30，40，50，60，70 或 95）和水洗符号一起使用	洗涤的摄氏温度
	专业纺织品维护	干燥和熨烫符号中的圆点	处理程序的温度，最多有 4 个点

表 2-3　常见的衣物维护符号

程序	维护符号	说明	维护符号	说明	维护符号	说明
水洗	40	最高洗涤温度 40 ℃，常规工艺	40	最高洗涤温度 40 ℃，缓和程序	40	最高洗涤温度 40 ℃，非常缓和程序

续表

程序	维护符号	说明	维护符号	说明	维护符号	说明
水洗		手洗，最高洗涤温度 40 ℃		不可水洗		
漂白		允许使用任何漂白剂		仅允许非氯漂		不可漂白
干燥		悬挂晾干		悬挂滴干		在阴凉处悬挂晾干
		平摊滴干		平摊晾干		在阴凉处平摊晾干
		可翻转干燥，常规温度，排气口最高温度 80 ℃		可翻转干燥，较低温度，排气口最高温度 60 ℃		不可翻转干燥
熨烫		熨斗底板最高温度 200 ℃		熨斗底板最高温度 150 ℃		熨斗底板最高温度 110 ℃，蒸汽熨烫可能造成不可恢复的损伤
		不可熨烫	—	—	—	—
专业维护		使用四氯乙烯和符号 F 代表的所有溶剂，常规干洗		专业湿洗，常规湿洗		不可干洗
		使用碳氢化合物溶剂，常规干洗		专业湿洗，缓和湿洗	—	—

请结合所学知识说明以下维护符号的含义：

2．合理选择洗涤剂

目前，市面上售卖的家用洗涤剂类型多样，清洁效果各有不同。家政服务员在洗涤衣物前应仔细阅读各种洗涤剂的使用说明，并据此选择合适的洗涤剂。此外，可视情况添加一些辅助材料，如牙膏、洗洁精、酒精、盐等。

如何选择常用洗涤剂

1．洗衣粉

洗衣粉的主要成分是十二烷基苯磺酸钠，pH值为9～10，呈碱性。洗衣粉中添加了摩擦剂和增泡剂，洗涤衣物时会产生大量泡沫。洗衣粉的去污力强、溶解性能好、使用方便，而且能够抗硬水，属于性价比很高的合成洗涤剂。洗衣粉适合洗涤有较多灰尘的厚重外套、窗帘等，但不适合洗涤毛织类和丝绸类衣物，以免造成衣物损伤。

有些洗衣粉中添加了一种碱性蛋白酶生物催化剂，能去除顽固的蛋白质类污渍，如血渍、奶渍、草渍等。洗衣粉在温水中的洗涤效果比在冷水中好，洗涤温度以30～60 ℃为宜。用60 ℃以上的水洗涤衣物时，会使洗衣粉中的酶失去活性，从而影响其去污效果。

2．洗衣液

洗衣液的成分与洗衣粉相似，但其pH值较低，不易损伤衣物，适合洗涤内衣、床单等贴身衣物。洗衣液具有亲水性，可以在冷水中快速溶解，而且一般含有低泡、耐硬水的非离子表面活性剂，更易漂清。

3．肥皂

肥皂由天然油脂经皂化反应制成，呈弱碱性，去污力强，而且对人体无毒副作用，对环境无污染，适合洗涤婴幼儿衣物和成年人贴身衣物。但是，在硬水中，肥皂与钙镁离子发生置换反应后会形成皂垢，导致其去污能力下降，并且皂垢容易黏附在衣物上，使被洗衣物发硬。

4．皂粉

皂粉的去污原理与肥皂相同。与洗衣粉相比，皂粉泡沫少、易漂清，可以有效减少衣物损伤，而且在低温和高硬度的水中仍表现出优良的洗涤性能。皂粉适合洗涤贴身衣物，特别是婴幼儿的衣服和尿布等。

洗涤衣物时，建议只选择一种洗涤剂，否则可能使洗涤效果大打折扣。例如，同时使用洗衣粉和肥皂时，肥皂会抑制洗衣粉的发泡能力，降低其去污能力。

资料来源：搜狐网

3．分类洗涤衣物

（1）将贴身衣物与外衣分开洗涤。贴身衣物直接接触人体，洗涤要求更高，而外衣通常含有较多细菌，因此应将其分开洗涤。

（2）将脏污程度不同的衣物分开洗涤。衣物脏污程度不同，所需的洗涤力度（如强力、标准、轻柔等）也不同，分开洗涤既高效，又可以达到较好的洗涤效果。

（3）将浅色衣物与深色衣物分开洗涤，以免浅色衣物在洗涤过程中被染色。容易褪色的衣物，应单独洗涤。

（4）将病人衣物与其他人的衣物分开洗涤，以免导致家庭成员交叉感染。

4．衣物保色处理

为避免衣物褪色，洗涤衣物时可采用以下方法进行保色处理：① 在首次洗涤新买的有色衣物前，可以将其放在淡盐水中浸泡 10 分钟；② 用洗涤剂洗完衣物并漂洗两次后，将衣物放入溶有衣物护理剂的清水中浸泡几分钟，然后脱水；③ 每次洗涤易褪色衣物前，将其放在淡盐水中浸泡 30 分钟，然后正常洗涤；④ 洗涤红色或紫色棉织物时，可以在水中加一些白醋。

5．衣物杀菌消毒

在进行户外活动时，衣物上常常会沾染一些细菌和病毒。这些细菌和病毒可能会转移到人体，从而危害人体健康。因此，在洗涤衣物时可以添加一些衣物除菌液或衣物消毒液，以达到杀菌消毒的目的。

若家庭成员患有传染病或去过医院等可能含有较多致病菌的场所，家政服务员洗涤衣物时可以使用酒精、84 消毒液等消毒产品，或者将衣物放在开水里煮 10～30 分钟。但需要注意的是，使用 84 消毒液可能会对衣物造成损伤。

二、不同面料衣物的洗涤

（一）棉麻类衣物的洗涤

棉和麻均属于植物纤维，用其制成的衣物具有较好的吸水性和透气性，可以水洗、干洗或湿洗。洗涤时需要注意以下几点：

（1）棉麻类衣物具有较好的耐碱性，可以直接使用洗衣粉、肥皂等碱性洗涤剂洗涤。

（2）棉麻类衣物具有较好的吸水性，因此容易缩水。在洗涤棉麻类衣物前，可以先水洗衣物的一角，测试其缩水情况。如缩水不严重，可以直接水洗；如缩水严重，就需要干洗。

（3）棉麻类衣物的抗皱性差，手洗时不宜大力揉搓，洗完后也不宜用力拧干。

拧干衣物的小妙招：用干毛巾将湿衣物包好后再拧干，可以利用干毛巾吸走湿衣物中的大量水分。

（二）毛织类衣物的洗涤

毛织类衣物是指用羊毛或其他动物毛制成的衣物，或用羊毛与其他纤维混纺而成的衣物，如图 2-5 所示。

羊毛衫

羊毛围巾

毛呢大衣

图 2-5　毛织类衣物

毛织类衣物具有较好的保暖性、吸水性和弹性，洗涤时需要注意以下几点：

（1）灰尘、毛发等细小物质容易附着在毛织类衣物上，衣物沾水后不易去除。所以在洗涤毛织类衣物前应进行预处理，如用拍打的方式去除灰尘、用粘毛器（图 2-6）或除毛刷（图 2-7）去除明显附着物。

图 2-6　粘毛器

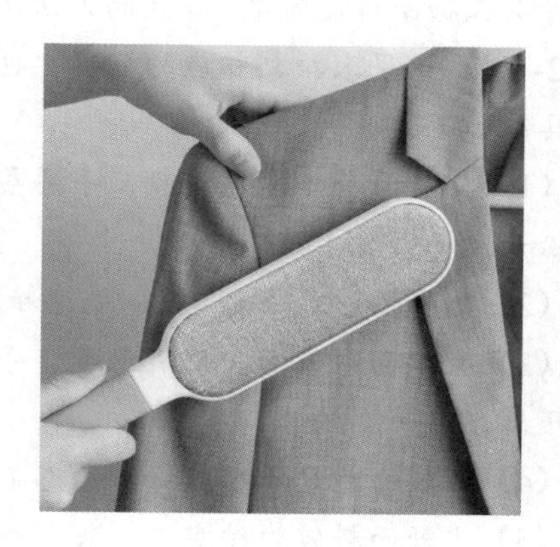

图 2-7　除毛刷

（2）毛织类衣物吸水后极易变形，因此，在洗涤前应先查看维护标签，确认能否水洗。如果可以水洗，则应当选择手洗（具体步骤如图 2-8 所示），或者将洗衣机设置为“轻柔”模式洗涤；如果不可以水洗，则应干洗。

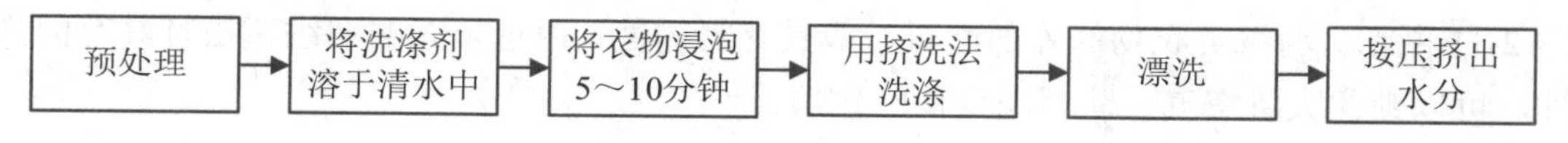

图 2-8　毛织类衣物手洗步骤

（3）毛织类衣物耐酸不耐碱，因此洗涤时应选择中性洗涤剂。

（三）丝绸类衣物的洗涤

丝绸类衣物是指用蚕丝、化学纤维长丝或以其为主要原料纺织而成的衣物。丝绸类衣物较轻薄，易起皱、易褪色，宜手洗或干洗，具体手洗步骤如图 2-9 所示。

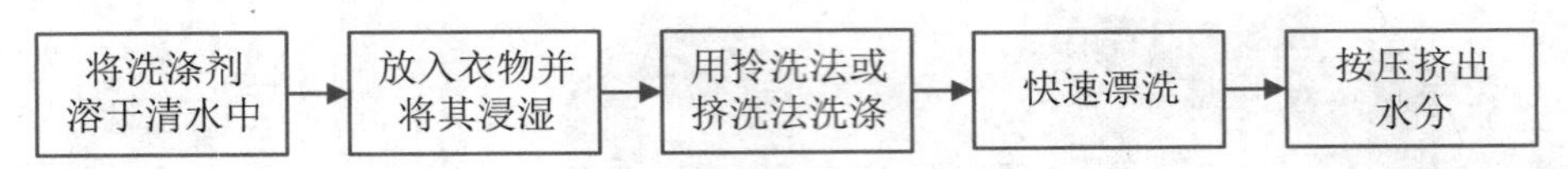

图 2-9　丝绸类衣物手洗步骤

手洗丝绸类衣物时需要注意以下几点：

（1）选择中性洗涤剂。

（2）不宜大力揉搓，以免损伤纤维。

（3）不宜长时间浸泡，用洗涤剂洗涤后应尽快用清水漂洗干净，以免衣物褪色。

视野拓展

辨别不同衣物面料的方法

辨别衣物面料最简单、有效的方法是查看衣物上的标签（图 2-10）。如果未找到相应的标签，也可以采用感官法辨别，具体如下：

图 2-10　衣物上的标签

（1）棉质面料光泽度一般，手感柔软，弹性差，捏紧后再松开，会出现褶皱。

（2）麻质面料光泽度一般，手感粗糙，容易出现褶皱。

（3）毛织面料表面一般有绒毛，手感柔软，有弹性，有温暖感。

（4）丝绸面料光泽度较好，手感柔软，有弹性。

（5）化纤面料较为结实，一般不易起皱，易产生静电。

资料来源：买购网

（四）羽绒类衣物的洗涤

羽绒类衣物是指内里填充羽绒，外用涤纶等结构致密的面料进行固定的衣物，如图 2-11 所示。羽绒类衣物的外部面料一般具有封闭性，内里填充的羽绒蓬松且具有回弹性，可以锁住大量空气，从而起到保暖作用。

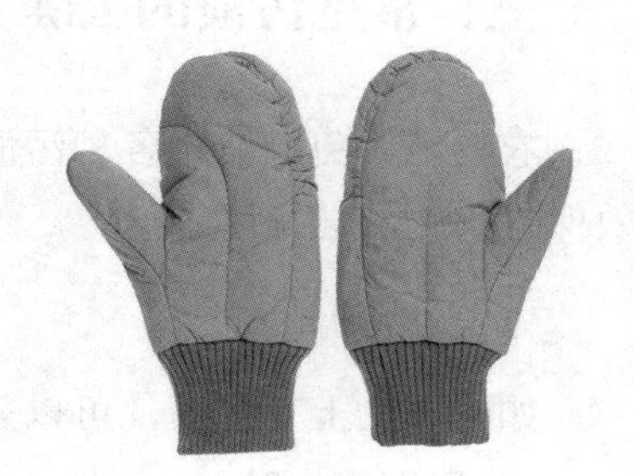

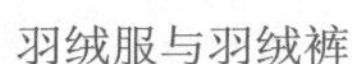

羽绒服与羽绒裤　　羽绒被　　羽绒手套

图 2-11　羽绒类衣物

羽绒类衣物应尽量手洗。羽绒类衣物透气性较差，若用洗衣机洗涤，洗衣机高速旋转时会使大量气体在衣物内部快速聚集，当聚集到一定程度时就可能引起爆炸。此外，一般的干洗溶剂可能会影响羽绒类衣物的保暖性，因此羽绒类衣物也不宜干洗。

小贴士

现在很多洗衣机都有“羽绒洗”模式，如果羽绒类衣物的维护标签上并未注明“不可水洗”，则可选择“羽绒洗”模式机洗。

手洗羽绒类衣物时，需要注意以下几点：

（1）选择中性洗涤剂。羽绒属于蛋白质纤维，不耐碱，使用碱性洗涤剂会损伤纤维，且易留下白色痕迹。如需使用碱性洗涤剂，则应在洗完衣物后将其放入加有白醋的温水中浸泡几分钟，并再次漂洗，以去除残留的碱性洗涤剂。

（2）提前浸泡。先将衣物放入冷水中浸泡 20 分钟左右，将其全部浸湿，再放入溶有洗涤剂的 30 ℃左右的温水中浸泡 15 分钟。

扫一扫

皮革类衣物的洗涤

（3）动作轻柔。为了避免羽绒分布不均匀，应用软毛刷轻轻刷洗衣物，不宜大力揉搓；洗完后应采用按压方式将水分挤出，不宜大力拧干。

（4）减少水洗次数。经常水洗会影响羽绒类衣物的保暖性，缩短其使用寿命。如果衣物不是很脏，可以直接用羽绒服清洁湿巾或微湿的毛巾擦洗污渍处。

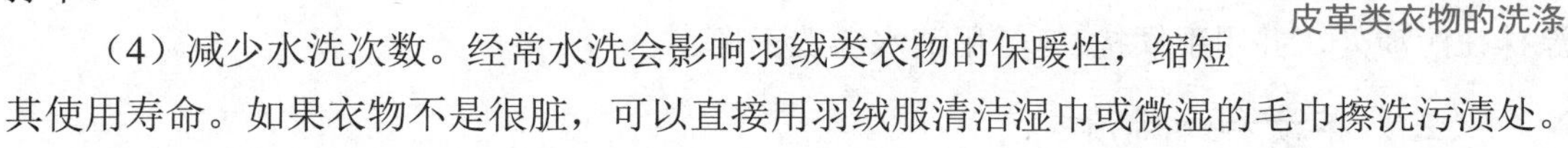

课堂互动

有一件采用拼接工艺制成的上衣，主体为羊毛，两袖为棉布。请问：这件衣服应该如何洗涤？

三、常见污渍的去除方法

衣物上难免会沾染各种污渍，家政服务员应掌握以下几种常见污渍的去除方法，以有效保持衣物的洁净度。

（一）油渍

如果衣物上有油渍，可以采用以下几种方法去除。

1．用牙膏去除

牙膏含有表面活性剂和碳酸钙粉末等摩擦颗粒，可以去除衣物表面的油渍。

具体去渍方法如下：① 将污渍处浸湿；② 把牙膏和洗衣粉的混合物涂抹在污渍处，并用软毛刷轻刷；③ 用清水漂洗干净。

2．用爽身粉和洗洁精去除

爽身粉质地细腻，且含有表面活性剂；洗洁精含有表面活性剂和乳化剂，具有亲油性。两者都可以有效去除衣物表面的油渍。

具体去渍方法如下：① 在污渍处涂抹一定量的爽身粉，轻轻揉搓，然后用软毛刷刷掉；② 将污渍处浸湿，涂抹一些洗洁精，并用软毛刷刷洗；③ 用清水漂洗干净。

（二）酱油渍

如果衣物上有酱油渍，可以用白糖或苏打粉去除。

1．用白糖去除

与水溶液相比，酱油在糖类溶液中的溶解度更高，因此用溶有白糖的水可以很好地去除酱油渍。

具体去渍方法如下：① 在污渍处撒上一小勺白糖；② 将污渍处浸湿，静置几分钟后用手揉搓；③ 用清水漂洗干净。

2．用苏打粉去除

呈强碱性的苏打粉可以和呈酸性的酱油发生中和反应，中和后的物质可溶于水，从而达到去除酱油渍的效果。

具体去渍方法如下：① 将污渍处浸湿；② 将小苏打和洗涤剂按 1∶1 的比例混合，涂抹在污渍处，并用手揉搓；③ 用清水漂洗干净。

（三）茶渍和咖啡渍

茶渍和咖啡渍中含有植物油脂，呈弱碱性。如果衣物上有茶渍或咖啡渍，可以用牙膏、洗洁精、白醋或甘油等去除。下面仅介绍用白醋和甘油去除污渍的方法。

1．用白醋去除

白醋中含有醋酸，可以中和茶渍和咖啡渍中的碱性物质，从而起到去渍的作用。

具体去渍方法如下：① 将污渍处浸湿，滴上白醋，静置几分钟；② 用软毛刷刷洗；

③ 用清水漂洗干净。

2. 用甘油去除

甘油既亲水，也亲油，可以有效溶解茶渍和咖啡渍。

具体去渍方法如下：① 若要去除衣物上新的茶渍和咖啡渍，可以直接将甘油溶于温水中，放入衣物，搓洗干净后用清水漂洗干净；② 若要去除衣物上陈旧的茶渍和咖啡渍，宜将甘油和蛋黄混合，涂抹在污渍处，稍微晾干后用软毛刷蘸水轻刷，最后用清水漂洗干净。

甘油主要以甘油酯的形式广泛存在于动植物体内，可用于药品、香料、护肤品等产品中。洗涤衣物时如果需要使用甘油，应将纯甘油溶于水后使用，也可以使用以甘油为主要成分的护肤品。

（四）墨渍

如果衣物上刚沾染墨汁，应及时用纸巾按压，防止墨渍扩散，然后用清水洗净。如果衣物上的墨渍时间较长，可以采用以下方法去除。

1. 用酒精去除

酒精可以溶解墨渍，起到去渍作用。

具体去渍方法如下：① 在污渍处喷洒一些酒精，静置几分钟；② 在污渍处涂上肥皂等洗涤剂，轻轻搓洗；③ 用清水漂洗干净。

2. 用淀粉去除

淀粉具有吸附作用，可以有效吸附衣物上的墨渍。

具体去渍方法如下：① 将淀粉溶液或米饭等富含淀粉的食物涂抹在污渍处，静置几分钟；② 用手搓洗；③ 用清水漂洗干净。

（五）口红和粉底液

口红和粉底液等化妆品中一般含有油脂，去除此类污渍时可以使用牙膏、洗洁精、酒精等，也可以使用卸妆水、卸妆油等卸妆产品。

用卸妆产品去除衣物上的口红或粉底液的具体方法如下：① 将卸妆产品涂抹在污渍处，静置几分钟后用手搓洗；② 用洗涤剂进行二次洗涤；③ 用清水漂洗干净。

（六）油漆

油漆属于油性颜料，不溶于水，但溶于清凉油、汽油等油类产品。因此，可以用油类产品去除衣物上沾染的油漆。

具体去渍方法如下：① 将清凉油或汽油等涂抹在污渍处，静置几分钟后用干净抹布擦拭；② 将衣物放入溶有洗涤剂的水中，用手搓洗；③ 用清水漂洗干净。

在使用汽油洗涤衣物时，应戴好口罩和手套，以降低汽油对人体皮肤和呼吸道的危害性。如出现身体不适的症状，应立即远离使用汽油的环境，严重时应立即就医。

（七）尿渍和血渍

尿渍和血渍均属于蛋白质类污渍，长时间静置或遇热后会凝固。此类污渍一旦凝固，就较难去除。因此，一旦衣物上沾染了尿液或血液，应立即用冷水和肥皂等洗涤剂多次洗涤。如污渍已凝固，可以把衣物放入冷水中浸泡一段时间，待大部分的尿渍或血渍溶解后再洗涤。

尿液和血液均呈碱性，如沾染时间较长，可以用偏酸性的物质去除。

1．用柠檬汁和盐去除

柠檬汁呈酸性，可以有效中和尿渍和血渍；盐可以起到摩擦作用。

具体去渍方法如下：① 在水中加入柠檬汁和盐，将衣物浸泡 30 分钟；② 用手搓洗；③ 用清水漂洗干净。

2．用白萝卜汁和盐去除

将白萝卜汁和盐混合后会产生酸性物质，可以与尿渍和血渍中和。

具体去渍方法如下：① 用淡盐水将污渍处洗一遍；② 将白萝卜汁与盐混合，涂抹在污渍处，用力搓洗；③ 用清水漂洗干净。

胡萝卜中含有色素，因此洗涤衣物时不宜使用胡萝卜汁，以免衣物被染色。

（八）霉点

衣物长期处于潮湿环境中，容易发霉，滋生大量细菌。由于蛋白质和维生素 C 具有吸附霉菌的作用，洗涤衣物时可以用淘米水、绿豆芽等富含蛋白质和维生素 C 的物质去除霉点。

用淘米水去除霉点的方法如下：① 将衣物放入淘米水中浸泡一夜；② 用软毛刷刷洗污渍处，再用洗涤剂进行二次洗涤；③ 用清水漂洗干净。

用绿豆芽去除霉点的方法如下：① 将衣物放在阳光下暴晒一段时间；② 将捣碎的绿豆芽涂抹在污渍处，用手揉搓；③ 将衣物浸泡在溶有洗涤剂的水中，再次搓洗；④ 用清水漂洗干净。

（九）铁锈

铁锈可以和酸性物质发生化学反应。如果衣物上有铁锈，可以用柠檬汁或白醋等酸性物质去除。

具体去渍方法如下：① 将柠檬汁或白醋滴在污渍处，静置几分钟后搓洗，视情况可以多次滴入柠檬汁或白醋；② 将衣物放在溶有洗涤剂的水中揉搓；③ 用清水漂洗干净。

小贴士

铁和酸作用会产生氢气，氢气遇明火会引起爆炸。因此，在用酸性物质去除铁锈时，需要避免使用明火。衣物上的铁锈一般不多，不会产生较大的安全隐患。

任务实施

衣物洗涤训练

【任务描述】

现有几件面料不同且上面有不同污渍的衣物：① 一条有油渍的羊毛围巾；② 一件有血渍的白色纯棉衬衣；③ 一件有粉底液的丝绸上衣；④ 一件有茶渍的羽绒服。请选择其中一件衣物，采用合适的方法洗涤。

【实施流程】

（1）学生自由分组，每组两人。

（2）小组成员根据任务描述准备一件衣物，并根据衣物面料和污渍情况准备洗涤剂和辅助材料。

（3）各小组中一人按步骤洗涤衣物，另一人将洗涤过程拍成视频，简单加工后提交给主讲教师。

（4）主讲教师对各小组进行点评。

任务二　衣物晾晒

任务导入

洗完衣物后，阿秀用衣架将上衣挂好放在阳光下晾晒，又用夹子将裤子夹在晾衣绳上。下午，阿秀忙着打扫卫生和做饭，没能及时收回晾晒的衣物，晚上才发现有几件纯棉的薄上衣已经微微发硬了。原来当天天气很好，衣物因在阳光下晾晒时间过长而出现发硬的情况。王太太回家后，阿秀立即为自己的失误道歉。王太太看到衣物损伤不严重，并没有责备阿秀，只是让她下次注意。

思考：

（1）棉麻类衣物应如何晾晒？

（2）上衣和裤子分别应如何晾晒？

晾晒是衣物洗护的关键步骤之一。在现代家庭生活中，刚水洗完的衣物处于湿润状态，容易滋生细菌。因此，及时去除衣物中残留的水分非常必要，而晾晒就是现代家庭最常用的去湿方法。

通常情况下，人们习惯直接将衣物放在阳光下晾晒，以加快水分蒸发，但这样会损伤衣物纤维。例如，白色衣物被阳光暴晒后容易发黄。为了维持衣物的正常使用寿命，家政服务员需要掌握科学的衣物晾晒方法。

衣物干洗后通常残留有干洗溶剂，长期吸入会对人体造成慢性伤害。因此，刚干洗完的衣物也需要晾晒。

一、不同面料衣物的晾晒

（一）棉麻类衣物的晾晒

棉麻类衣物易皱，脱水后应先将其整理平整，然后放在阳光下或阴凉通风处悬挂晾干。如果是深色衣物，应将内里朝外晾晒，以免衣物褪色。

为了避免棉麻类衣物在阳光下暴晒后发硬，晾晒时可以采用以下方法：① 在阳光下晾干后立即收回；② 先在阳光下晾晒，去除大部分水分，然后挂在阴凉通风处晾干。

（二）毛织类衣物的晾晒

毛织类衣物具有较强的吸水性，刚水洗完的衣物会因吸水较多而变沉。此时如果直接悬挂晾晒，容易导致衣物变形，因此应采用以下方法晾晒：① 将衣物平铺在晾衣篮内晾晒，如图 2-12 所示；② 先将衣物用洗衣机甩干，然后悬挂晾晒。

此外，阳光暴晒会使毛织类衣物氧化变质，因此，宜将其放在阴凉通风处晾干。

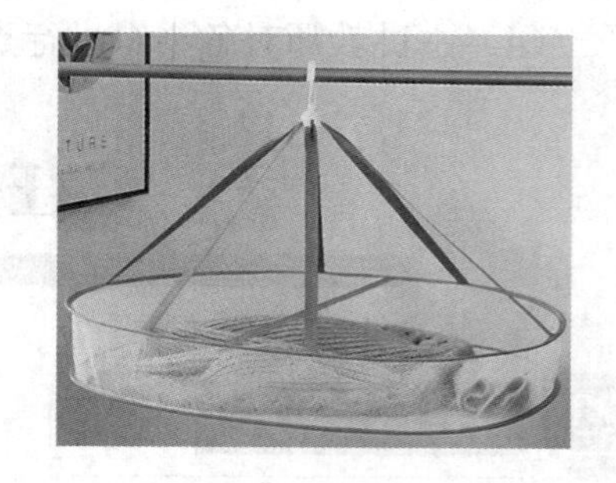

图 2-12　将衣物平铺在晾衣篮内晾晒

（三）丝绸类衣物的晾晒

晾晒丝绸类衣物时需要注意以下几点：① 丝绸类衣物不亲水，晾晒前应尽可能挤掉水分；② 丝绸类衣物色牢度低，应将内里朝外晾晒；③ 丝绸类衣物耐日光性差，宜放在阴凉通风处晾干。

（四）羽绒类衣物的晾晒

晾晒羽绒类衣物时需要注意以下几点：① 羽绒类衣物不易变形，既可以直接悬挂晾晒，也可以平铺晾晒；② 羽绒类衣物一般比较厚实，不易晾干，因此，宜放在阳光下晾

晒，且应保证晾晒时间充足；③ 为了避免阳光暴晒损伤羽绒类衣物，晾晒时可以在外面盖上一层薄布；④ 晾干后轻轻拍打衣物，使其恢复蓬松状态。

（五）化纤类衣物晾晒

化纤类衣物抗皱，可直接悬挂晾晒。化纤衣物的纤维在阳光下易老化，因此应放在阴凉通风处晾干。

视野拓展

阴雨天晾干衣物的小妙招

阴雨天晾衣物时，衣物难干透，而且会散发霉味。掌握以下小妙招，可以在阴雨天更快地晾干衣物：

（1）将衣物排列成拱形，即将短款衣物晾在中间，长款衣物晾在两边。这样，不同长度的衣物中间会自然地留出一些空隙，空气从此流过时会产生上升气流，穿过衣物间的空隙，把水分带走。

（2）尽量摊开每件衣物，加大其与空气的接触面积，以加快水分蒸发。

（3）使用电风扇、空调或除湿机辅助晾干衣物。

资料来源：杭州网

二、不同类型衣物的晾晒

（一）上衣的晾晒

晾晒上衣时，可以直接用衣架挂起，或者用夹子将其夹在晾衣绳上，如图 2-13 所示。需要注意的是，所选衣架的长度应与上衣肩宽相匹配，以免衣架过大导致上衣变形或衣架过小不足以将上衣撑开。

用衣架挂起

用夹子夹在晾衣绳上

图 2-13　上衣的晾晒

课堂互动

现有一件刚手洗完的深色毛织上衣。请问：该上衣应该如何晾晒？

（二）裤子和裙子的晾晒

晾晒裤子和裙子时，可以用夹子将其夹在衣架或晾衣绳上。为了加快水分蒸发，也可以采用桶形晾晒方法，即用圆形晾衣架（图 2-14）将裤子和裙子撑成桶形，使其内里和外部都能充分接触空气。

（三）内衣和袜子的晾晒

内衣和袜子一般会携带较多的细菌，应直接放在阳光下晾晒，以便充分利用紫外线杀菌。晾晒时，最好用夹子将其固定在衣架或晾衣绳上，如图 2-15 所示。

图 2-14　圆形晾衣架

图 2-15　用夹子固定

（四）围巾和丝巾的晾晒

晾晒围巾和丝巾时，可以直接将其搭在衣架或晾衣绳上，并用夹子固定。

（五）床单和被套的晾晒

床单和被套既可以用螺旋形衣架晾晒（图 2-16），也可以直接搭在晾衣绳上晾晒。采用后一种方法时，应尽量减少床单和被套的对折次数，使其最大限度地接触空气，以加快晾干速度。晾晒深色床单和被套时，应将内里朝外。

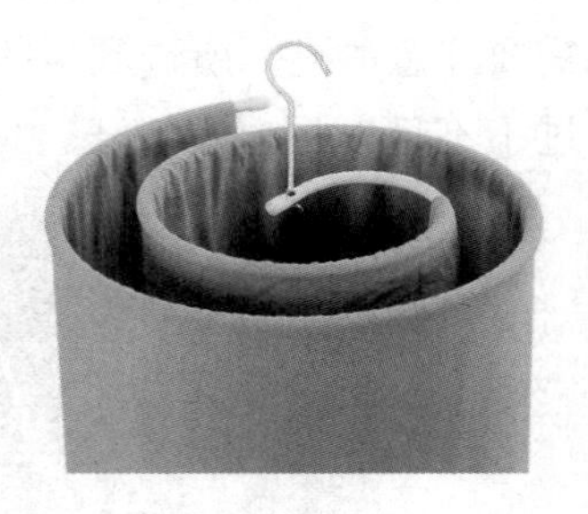

图 2-16　用螺旋形衣架晾晒

（六）被褥的晾晒

晾晒被褥时需要注意以下几点：① 被褥容易滋生螨虫和细菌，应放在阳光下晾晒，以便利用紫外线除螨杀菌；② 晾晒时以平铺方式为最佳，也可以对折搭在晾衣绳上；③ 被褥通常较厚，在晾晒中途应注意翻面，保证被褥两面都能充分晾晒；④ 被褥晾晒 2～3 小

时即可，长时间暴晒会使纤维断裂，影响其保暖性；⑤ 如果阳光过于强烈，晾晒时可以在被褥上盖一层薄布；⑥ 螨虫生长周期一般为一个月，因此每个月应至少晾晒一次被褥。

视野拓展

晾晒被褥的误区

1. 早上或晚上晾晒被褥

早晚通常湿气较重，不适合晾晒被褥。晾晒被褥的最佳时间是 12:00—15:00，此时阳光最为强烈，可以有效杀死螨虫，去除霉菌。

2. 用力拍打被褥

晾晒被褥时为了去除表面的浮尘，人们常常会用力拍打被褥。但实际上，用力拍打会把被褥中的热气拍出，降低被褥的蓬松度，还会使纤维断裂，导致被褥结块。如果需要去除被褥表面的浮尘，可以用软毛刷轻刷或者轻轻抖动被褥。

3. 晾晒完立即叠起来

被褥刚晾晒完通常温度较高，立即叠起来会锁住热气，为螨虫快速繁殖创造条件。因此，晾晒完被褥后，应先将其放在室内冷却，等热气散去后再叠起来。

资料来源：科普中国网

任务实施

衣物晾晒训练

【任务描述】

现有几件刚手洗完的衣物：① 一件纯白色毛衣；② 一条纯棉的黑裤；③ 两双袜子；④ 一条羊毛围巾；⑤ 一套纯棉的三件套。请选择其中两件衣物，用合适的工具和方法晾晒。

扫一扫

衣架的种类与选择

【实施流程】

（1）学生自由分组，每组两人。

（2）小组成员根据任务描述准备两件衣物，并根据衣物面料和类型准备晾晒工具。

（3）各小组中一人按步骤晾晒衣物，另一人将晾晒过程拍成视频，简单加工后提交给主讲教师。

（4）主讲教师对各小组进行点评。

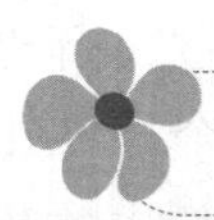

任务三　衣物熨烫

任务导入

王太太第二天要参加一场非常重要的会议，需要穿正装出席。她打开衣柜，发现纯棉衬衫上有很多褶皱，羊毛西裤也非常不平整，因此希望阿秀把这些衣物熨烫一下。阿秀便支起熨衣板，将电熨斗预热后，先熨烫衬衫，然后将电熨斗温度调高，隔湿布熨烫羊毛西裤。

思考：

（1）如何熨烫衬衫？

（2）如何熨烫羊毛西裤？

一、衣物熨烫的基础知识

（一）什么是熨烫

熨烫是指用熨烫设备对衣物进行定型处理的工艺。熨烫可以使衣物变得平整、挺括，一般在完成衣物洗涤和晾晒后进行。

（二）影响衣物熨烫效果的因素

影响衣物熨烫效果的因素主要有温度、水分、熨烫压力和冷却速度。

1．温度

高温可以促进纤维分子运动，使衣物内部结构发生变化，从而便于衣物定型。温度过低，纤维分子运动较少，不利于衣物定型；温度过高，容易导致衣物被烫坏。

2．水分

水分可以让纤维分子膨胀，加快其在高温下的运动速度，而水分蒸发后，纤维分子又会恢复到原有状态，从而起到辅助衣物定型的作用。熨烫时水分应适量：水分过少，衣物不易定型，且容易被烫坏；水分过多，熨烫后纤维分子会继续运动，无法达到预期的定型效果。

小贴士

熨烫时加水的方法如下：① 用小喷壶往熨烫部位喷洒适量清水；② 使用带有蒸汽的熨烫设备，熨烫前设置好蒸汽量。

熨烫不同衣物所需的水分不同，一般熨烫薄衣物所需水分较少，熨烫厚衣物所需水分较多。

3．熨烫压力

熨烫压力是指熨斗自重的压力和熨烫时人工施加的压力之和。在高温和水分的作用下，纤维分子会自主运动，但运动方向不定，此时施加压力可以使其定向运动。熨烫压力应适当：压力过小，衣物定型效果不明显；压力过大，可能会使衣物变形。

4．冷却速度

冷却可以让纤维分子停止运动，从而完成衣物定型。如果冷却速度过慢，纤维分子会继续运动，无法达到定型效果。

熨烫时可以采用以下两种冷却方法：① 自然冷却法；② 将吹风机调成冷风模式，将熨烫过的部位吹凉。

（三）现代家庭常用的熨烫设备

现代家庭常用的熨烫设备有挂烫机、电熨斗、熨衣板、棉馒头等。

1．挂烫机

挂烫机是用高温、高压的水蒸气来熨烫衣物的设备，具有消毒杀菌的作用。使用挂烫机既可以熨烫平铺的衣物，又可以熨烫悬挂的衣物。挂烫机主要有手持式挂烫机和立式挂烫机两种。

（1）手持式挂烫机：主要部件有水箱和蒸汽喷头等，如图 2-17 所示。手持式挂烫机便于携带，但功率和蒸汽量都比较小，注满水后可熨烫的时间较短，因此不适合熨烫较厚的衣物。

（2）立式挂烫机：主要部件有水箱、蒸汽喷头、导管和支架等，如图 2-18 所示。与手持式挂烫机相比，立式挂烫机的结构更复杂，有专门的支架用于悬挂衣物，而且其功率和蒸汽量更大，注满水后可熨烫的时间更长。

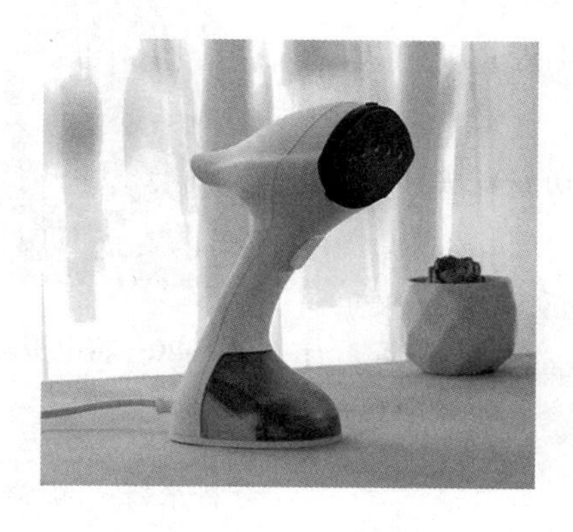

图 2-17　手持式挂烫机

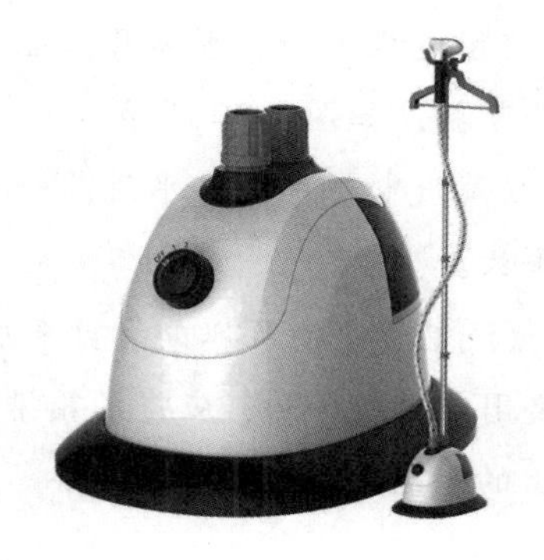

图 2-18　立式挂烫机

使用立式挂烫机熨烫衣物的步骤如下：① 将衣物挂在支架上；② 将水箱注水，注水量不宜超过最高水位线；③ 接通电源，等待水箱中的水加热、汽化；④ 拉住衣物底边，将蒸汽喷头放在离衣物 0.5～1 厘米处进行熨烫。

2．电熨斗

电熨斗主要有普通电熨斗、调温电熨斗和蒸汽电熨斗三种。

（1）普通电熨斗：结构简单，不可调温，熨烫时需要人工喷水，使用不方便，已渐渐被淘汰。

（2）调温电熨斗：在普通电熨斗的基础上增加了温度调控器、指示灯等元件，使用更加方便、安全，但也需要人工喷水。调温电熨斗的调温范围一般是 60～230 ℃。

（3）蒸汽电熨斗：在调温电熨斗的基础上增加了蒸汽装置和蒸汽调控按钮，如图 2-19 所示。蒸汽电熨斗功能齐全，使用方便，在熨烫时可以随时调节温度和蒸汽量，适合熨烫多种面料的衣物，是现代家庭最常用的电熨斗。

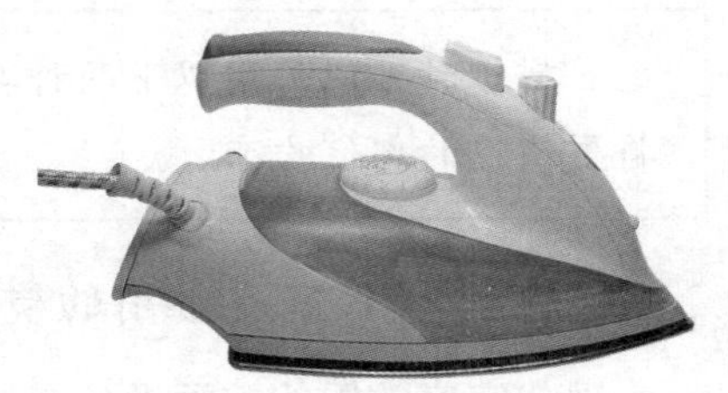

图 2-19　蒸汽电熨斗

使用蒸汽电熨斗熨烫衣物的步骤如下：① 将水箱注水，注水量不宜超过最高水位线；② 根据衣物面料设定温度，并根据衣物厚度和褶皱情况设定蒸汽量；③ 接通电源，预热几分钟；④ 熨烫衣物；⑤ 熨烫完毕，待电熨斗底板完全冷却后将其收好。

视野拓展

使用电熨斗的注意事项

（1）熨烫时电熨斗底板的温度较高，操作时宜戴手套，不要用手直接接触电熨斗底板，以免手部被烫伤。

（2）使用过程中如有事离开，应切断电源；使用间隙应将电熨斗竖放，如图 2-20 所示。

（3）往蒸汽电熨斗内注水时，一定要切断电源，以免发生触电事故。

（4）蒸汽电熨斗内可以加注自来水，但容易产生水垢。因此，每次用完电熨斗后，应将水箱排空，并用软布和橄榄油将底板上的水垢擦干净。

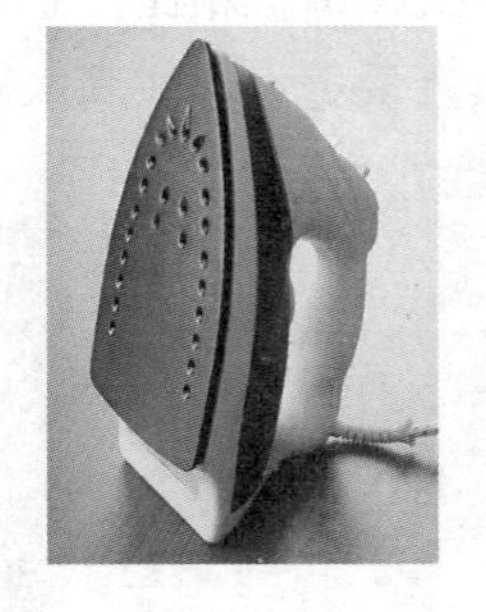

图 2-20　将电熨斗竖放

资料来源：新疆洗涤网

3．熨衣板

熨衣板是指用来平铺衣物，使衣物在熨烫时保持平整的设备。熨衣板可分为桌面式熨衣板和立式熨衣板（图 2-21）。相较于前者，后者除了有面板，还有支架。其中，面板一般用耐高温材料制成，呈长条状，两端有弧度，其中一端较尖，可以较好地贴合衣物；支架一般可以伸缩，以满足不同身高使用者的需求。

4．棉馒头

棉馒头（图 2-22）是用于辅助熨烫衣物肩部、袖头、胸部等部位的工具。棉馒头一般为椭圆形，内里填充棉絮，外用棉布包裹，宽 15～25 厘米，厚 4～5 厘米。

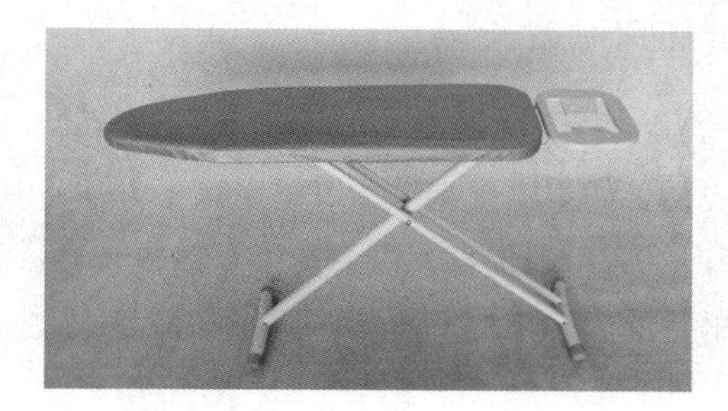

图 2-21　立式熨衣板

图 2-22　棉馒头

二、不同面料衣物的熨烫

（一）棉麻类衣物的熨烫

棉麻类衣物易皱，应经常熨烫。熨烫时需要注意以下几点：

（1）适当调高熨烫温度。棉类衣物的最佳熨烫温度为 180 ℃左右，麻类衣物的最佳熨烫温度为 190 ℃左右。

（2）可以直接熨烫，也可以适量喷水后熨烫。

（3）如果是深色衣物，需先熨烫反面，再熨烫正面。

（4）熨烫压力不宜过大，以免衣物纤维断裂。

（二）毛织类衣物的熨烫

毛织类衣物水洗后易变形，晾干后应及时熨烫。熨烫时需要注意以下几点：

（1）毛织类衣物的纤维表面有鳞片，直接从正面熨烫，极易出现极光现象，因此应在衣物正面垫上湿布后再熨烫。

衣物极光现象是指局部摩擦或熨烫导致衣物纤维损伤而形成的光反射现象。熨烫时温度过高或压力过大，都有可能出现极光现象。

（2）加垫湿布后，可将熨烫温度设置为 200 ℃左右。

（3）为减少高温对衣物的损伤，熨烫时应及时喷水，保证衣物所含水分充足。

（三）丝绸类衣物的熨烫

熨烫丝绸类衣物时需要注意以下几点：

（1）丝绸类衣物色牢度低且不亲水，应采用干烫的方式，熨烫衣物反面。如需熨烫正面，则应在衣物上垫一层薄布。

（2）丝绸类衣物容易被烫焦，因此熨烫温度不宜过高，一般可设置为 120 ℃左右。

（3）动作应轻柔，在同一位置熨烫的时间不宜过长。

（四）羽绒类衣物的熨烫

羽绒类衣物不适合用挂烫机或电熨斗熨烫，如果出现褶皱，可采用以下方法将其恢复平整：① 将衣物挂在衣架上使其自然展开，然后用手拍打，以使其恢复蓬松状态；② 在衣物褶皱处垫上湿布，用导热性好且底部平整的容器盛满开水后，隔湿布压烫衣物。

目前很多衣物都是混纺而成的，熨烫时应注意查看衣物所含纤维的类型和比例，并据此确定熨烫标准。其中，熨烫温度应根据耐热性差的纤维设置。

三、不同类型衣物的熨烫

在熨烫不同类型的衣物时，熨烫步骤和熨烫的质量要求有所不同。下面主要介绍如何使用电熨斗熨烫不同类型的衣物。

（一）衬衫的熨烫

1．熨烫步骤

熨烫衬衫的一般步骤如下：① 根据面料特性设置电熨斗的温度，预热几分钟；② 熨烫衣领；③ 熨烫袖子——解开衬衫袖扣，沿袖口弧度进行熨烫，然后以袖缝为中线，从上至下进行熨烫，如图 2-23 所示；④ 分别熨烫左右前身；⑤ 熨烫后身，如图 2-24 所示；⑥ 熨烫肩部——将衬衫肩部包在熨衣板尖端或棉馒头上，沿肩部弧度进行熨烫。

挂烫机熨烫衬衫的步骤

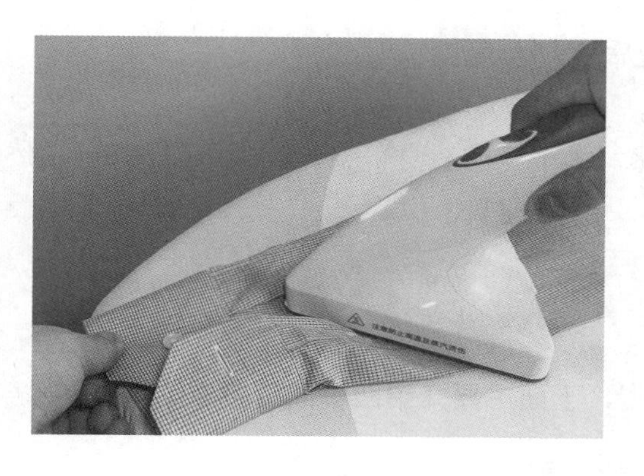

图 2-23　熨烫衬衫袖子

图 2-24　熨烫衬衫后身

课堂互动

在熨烫纯棉衬衫和丝绸衬衫时，分别需要注意哪些事项？

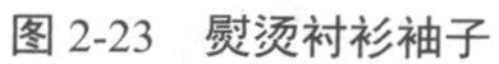

2．熨烫的质量要求

衣领和袖口挺括，呈圆弧形；袖子和肩部平整、光滑；前后身挺括、平直。

（二）西服的熨烫

西服即西式上衣，一般包括西式外套和西式背心，如图 2-25 所示。

西式外套

西式背心

图 2-25　西服

1．熨烫步骤

熨烫西式外套的一般步骤如下：① 根据面料特性设置电熨斗的温度，预热几分钟；② 熨烫衬里——将外套翻面进行熨烫；③ 熨烫袖子正面；④ 分别熨烫左右前身；⑤ 熨烫后身；⑥ 熨烫肩部——将肩部包在熨衣板尖端或棉馒头上，沿肩部弧度进行熨烫；⑦ 熨烫衣领的正面和反面。

熨烫西式背心的一般步骤如下：① 根据面料特性设置电熨斗的温度，预热几分钟；

② 熨烫衬里；③ 分别熨烫左右前身；④ 熨烫后身。

2．熨烫的质量要求

（1）西式外套：衣领底边与前身连接自然，袖子、前后身平整，衣领、肩部和胸部挺括。

（2）西式背心：前后身平直。

（三）裤子的熨烫

裤子主要包括西裤、牛仔裤、羽绒裤等类型，下面主要介绍西裤的熨烫方法。

1．熨烫步骤

熨烫西裤的一般步骤如下：① 根据面料特性设置电熨斗的温度，预热几分钟；② 熨烫腰头；③ 折叠西裤——沿裤线折叠，使裤腿侧缝居中，如图 2-26 所示；④ 从上至下熨烫裤腿外侧；⑤ 熨烫裤腿内侧——叠起一条裤腿，露出另一条裤腿的内侧，从下至上进行熨烫，然后用同样的方法熨烫另一条裤腿的内侧；⑥ 熨烫门襟和里襟；⑦ 熨烫裤裥（jiǎn），注意用电熨斗尖端从下至上进行熨烫。

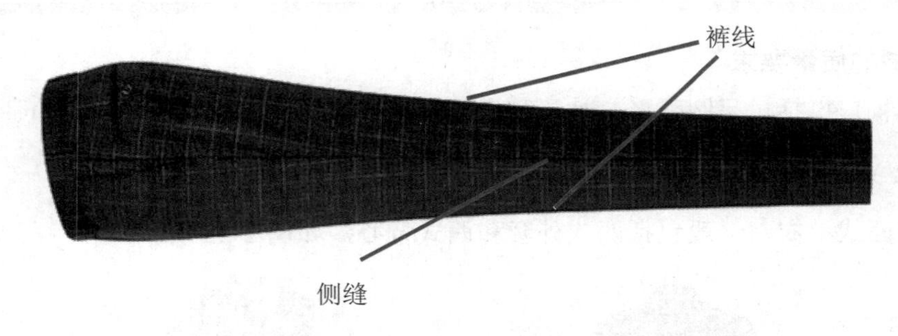

图 2-26　折叠西裤

小贴士

> 裤（裙）裥是指裤（裙）子前身在裁片上预留出的宽松量，通常经熨烫后塑出裥形，可作为装饰或增加活动放松量。

2．熨烫的质量要求

腰头平直；裤线明显且垂直；裤腿平整，裤脚口平齐；门襟、里襟与裤身连接自然；裤裥明显且自然，无额外的印痕。

（四）裙子的熨烫

裙子一般分为半身裙和连衣裙。下面主要介绍半身裙的熨烫方法。

1．熨烫步骤

熨烫半身裙的一般步骤如下：① 根据面料特性设置电熨斗的温度，预热几分钟；② 熨

烫腰头；③ 熨烫裙衬；④ 将裙子穿进熨衣板，熨烫裙身正面；⑤ 熨烫门襟和里襟。

熨烫百褶裙（图 2-27）时，熨烫完腰头和裙衬后需要将裙子平铺在熨衣板上，然后固定裙裥，沿裙裥有序熨烫。百褶裙的裙裥一般上窄下宽，熨烫时应用电熨斗的尖端从下至上熨烫裙裥内侧。

图 2-27　百褶裙

视野拓展

熨烫衣物的注意事项

（1）熨烫前，应将待熨烫部位整理平整。

（2）熨烫时注意避开纽扣、拉链和装饰物。

（3）先熨衬里，再熨正面。如衣物衬里和正面的面料不同，或者不同部位的面料不同，应注意选择不同的熨烫温度。

（4）部分衬衫衣领处放有领撑，应将其取出后再进行熨烫。

（5）熨烫裤线时可以加大熨烫压力，以使裤线更加明显。

资料来源：《家政服务员（中级）》，北京：中国劳动社会保障出版社，中国人事出版社

2．熨烫的质量要求

腰头自然、平直；裙身平整；门襟、里襟与裙身连接自然；裙裥明显且自然，无额外的印痕。

素质之窗

衣物洗涤与熨烫的质量要求

1．洗涤质量要求

服装整体洁净，附件完整齐全，不变形，无花绺（liǔ）和异味，无损坏，不褪色；公用纺织品清洗消毒后洁净、平整，色泽纯正，无污渍和异味，无损坏。

2．熨烫质量要求

服装整体自然平服、整洁美观，不变形，无褶皱、烫痕、水花和亮光，保持原有风格；公用纺织品布面光洁平整，无褶皱、毛茬、异味，无损坏。

资料来源：《洗染业服务质量要求》（SB/T 10625—2011）

任务实施

衣物熨烫训练

【任务描述】

现有几件刚晾干的衣物：① 一件黑色纯棉衬衫；② 一条羊毛西裤；③ 一条丝质的百褶裙；④ 一件羽绒服。请选择其中一件衣物，用合适的设备和方法熨烫。

【实施流程】

（1）学生自由分组，每组两人。

（2）小组成员根据任务描述准备一件衣物，并根据衣物面料和类型准备熨烫设备。

（3）各小组中一人按步骤熨烫衣物，另一人将熨烫过程拍成视频，简单加工后提交给主讲教师。

（4）主讲教师对各小组进行点评。

学习成果自测

1．填空题

（1）目前常用的衣物洗涤方法有三种，即________、________和________。

（2）丝绸类衣物宜放在____________处晾干。

（3）影响衣物熨烫效果的因素主要有________、________、________和________。

（4）电熨斗主要有____________、____________和____________三种。

2．单项选择题

（1）以下基本符号中，（　　）表示“缓和处理”。

A. △　　B. —

C. ═　　D. ○

（2）衣物维护符号 [手洗符号] 表示（　　）。

A．水洗　　B．手洗，最高洗涤温度 45 ℃

C．手洗，最高洗涤温度 40 ℃　　D．常规水洗

（3）以下衣物洗涤措施中，不当的是（　　）。

A．将贴身衣物和外衣分开洗涤

B．将浅色衣物和深色衣物分开洗涤

C．同时加入洗涤剂和衣物护理剂

D．用 84 消毒液对病人衣物进行消毒

（4）如果衣物上有血渍，可以用（　　）去除。

A．胡萝卜　　B．柠檬汁和盐

C．热水　　D．汽油

（5）以下关于衣物晾晒的说法中，错误的是（　　）。

A．刚手洗完的毛织类衣物可悬挂晾晒

B．羽绒类衣物可平铺晾晒

C．棉麻类衣物放在阳光下晾干后立即收回

D．化纤类衣物应放在阴凉通风处晾干

（6）为了加快水分蒸发，可以采用（　　）方法晾晒裤子和裙子。

A．用夹子将衣物夹在晾衣绳上　　B．将衣物对折挂在衣架上

C．桶形晾晒　　D．平铺晾晒

（7）棉类衣物的最佳熨烫温度为（　　）左右。

A．200 ℃　　B．120 ℃

C．180 ℃　　D．150 ℃

（8）熨烫西式外套时，应最先熨烫（　　）。

A．袖子正面　　B．左右前身

C．后身　　D．衬里

3．简答题

（1）简述手洗丝绸类衣物的注意事项。

（2）简述去除油渍的方法。

（3）简述晾晒被褥的注意事项。

（4）简述熨烫衬衫的一般步骤。

（5）简述熨烫裙子的质量要求。

学习成果评价

请进行学习成果评价，并将评价结果填入表 2-4 中。

表 2-4　学习成果评价表

班级：________　姓名：________　学号：________

<table>
<tr><th rowspan="2">评价项目</th><th rowspan="2">评价内容</th><th rowspan="2">分值</th><th colspan="2">评分</th></tr>
<tr><th>自我评分</th><th>教师评分</th></tr>
<tr><td rowspan="8">知识（40%）</td><td>衣物洗涤的基础知识</td><td>5</td><td></td><td></td></tr>
<tr><td>不同面料衣物的洗涤方法</td><td>5</td><td></td><td></td></tr>
<tr><td>常见污渍的去除方法</td><td>5</td><td></td><td></td></tr>
<tr><td>不同面料衣物的晾晒方法</td><td>5</td><td></td><td></td></tr>
<tr><td>不同类型衣物的晾晒方法</td><td>5</td><td></td><td></td></tr>
<tr><td>衣物熨烫的基础知识</td><td>5</td><td></td><td></td></tr>
<tr><td>不同面料衣物的熨烫方法</td><td>5</td><td></td><td></td></tr>
<tr><td>不同类型衣物的熨烫方法</td><td>5</td><td></td><td></td></tr>
<tr><td rowspan="2">技能（40%）</td><td>学会查看衣物维护符号</td><td>10</td><td></td><td></td></tr>
<tr><td>能够与他人协作，顺利完成衣物洗护训练</td><td>30</td><td></td><td></td></tr>
<tr><td rowspan="4">素养（20%）</td><td>听从教师指挥，遵守课堂纪律</td><td>5</td><td></td><td></td></tr>
<tr><td>培养团队精神，提高团队凝聚力</td><td>5</td><td></td><td></td></tr>
<tr><td>增强服务意识，提高服务能力</td><td>5</td><td></td><td></td></tr>
<tr><td>守正创新，自信自强</td><td>5</td><td></td><td></td></tr>
<tr><td colspan="2">合计</td><td>100</td><td></td><td></td></tr>
<tr><td colspan="3">总分（自我评分×40%+教师评分×60%）</td><td colspan="2"></td></tr>
<tr><td>自我评价</td><td colspan="4"></td></tr>
<tr><td>教师评价</td><td colspan="4"></td></tr>
</table>

项目三 现代家庭膳食烹制

项目引言

随着健康生活理念逐渐深入人心，现代家庭越来越重视膳食营养与健康，对膳食色、香、味、形的要求也越来越高。家政服务员在为家庭成员提供膳食服务时，应科学配餐，合理选购和加工食材，并根据家庭成员的具体要求烹制菜肴和主食。本项目主要介绍现代家庭膳食营养搭配、食材选购、食材加工、菜肴烹制和主食烹制的相关知识。

知识目标

- 了解人体必需的营养成分。
- 理解营养配餐的原则。
- 熟悉食材选购的原则和不同食材的选购方法。
- 熟悉食材加工的方式。
- 掌握烹制菜肴的常用技法。
- 掌握烹制常见主食的方法。

素质目标

- 学习人体必需的营养成分，培养健康意识，树立科学的营养观念。
- 学习如何针对不同家庭成员制订营养配餐方案，做到具体问题具体分析。
- 学习凉菜文化和面条文化，深入了解中国源远流长的饮食文化，培养民族自信心和自豪感，坚定文化自信。

任务一　了解现代家庭膳食营养搭配

任务导入

为了促进小明的生长发育，王太太希望阿秀每天多做一些有营养的膳食，此时阿秀才意识到自己对膳食营养了解得不够全面。听闻公司近期正在开展营养配餐的培训课程，阿秀便报名参加了。培训结束后，阿秀受益匪浅：她了解了人体必需的营养成分，也学习了如何为成年人和儿童配餐。

思考：

（1）人体必需的营养成分有哪些？

（2）营养配餐的原则有哪些？

一、人体必需的营养成分

家庭成员身体健康是现代家庭幸福生活的重要基础。为了保持身体健康，摄入适量的营养成分至关重要。营养成分是指食物中所含的营养素和有益成分。其中，营养素包括蛋白质、脂肪、碳水化合物、矿物质、维生素五大类，有益成分包括水、膳食纤维等。营养成分与人体的生长和发育密切相关，具体如表 3-1 所示。

表 3-1　人体必需的营养成分

类型	作用	主要来源
蛋白质	促进人体组织生长和修复，调节生理功能，提高免疫力，传递遗传信息等	肉、蛋、奶、豆类等
脂肪	储存和供给能量，组成生物膜骨架，保护内脏和关节等	肉、豆类、食用油等
碳水化合物	供给能量，促进其他营养成分的代谢等	谷物、薯类等
矿物质	促进骨骼生长，维持神经、肌肉的正常功能，促进酶的生成，维持人体酸碱平衡等	坚果、蔬菜、水果、动物内脏等
维生素	促进新陈代谢和身体发育，调节生理功能，提高免疫力等	蔬菜、水果等
水	运输体内物质，调节体温，促进新陈代谢等	饮用水、整体膳食水（包括食物中的水，汤、粥、奶等）
膳食纤维	促进肠道蠕动，有益于肠道健康，预防血脂异常和肥胖等	蔬菜、水果、薯类等

二、营养配餐

营养配餐是指为满足人体需求而进行膳食设计的过程。营养配餐与家庭成员的健康息息相关，能够体现出家政服务员的专业性。家政服务员在进行营养配餐时，应遵循以下原则。

（一）合理搭配，营养丰富

家政服务员既要重视食物类型搭配，又要重视食物色、香、味、形搭配。

1．食物类型搭配

合理膳食是摄入人体必需营养成分的关键途径。家政服务员在进行营养配餐时，应充分考虑所准备的食物能否全面补充人体必需的营养成分。

根据中国居民平衡膳食宝塔（2022）（图 3-1），每个成年人每天应摄入的食物量如下：① 低身体活动水平的成年人每天应饮水 1 500～1 700 毫升，在高温或高身体活动水平条件下，应适当增加饮水量。推荐一天中饮用水和整体膳食水摄入共计 2 700～3 000 毫升。② 谷类 200～300 克（包括全谷物和杂豆 50～150 克），薯类 50～100 克（从能量角度看，相当于 15～35 克大米）。③ 蔬菜类 300～500 克，水果类 200～350 克。④ 动物性食物 120～200 克，其中，畜禽肉 40～75 克，水产品 40～75 克，鸡蛋每天 1 个（50 克左右）。⑤ 奶及奶制品 300～500 克，大豆及坚果类 25～35 克。⑥ 盐少于 5 克，油 25～30 克。

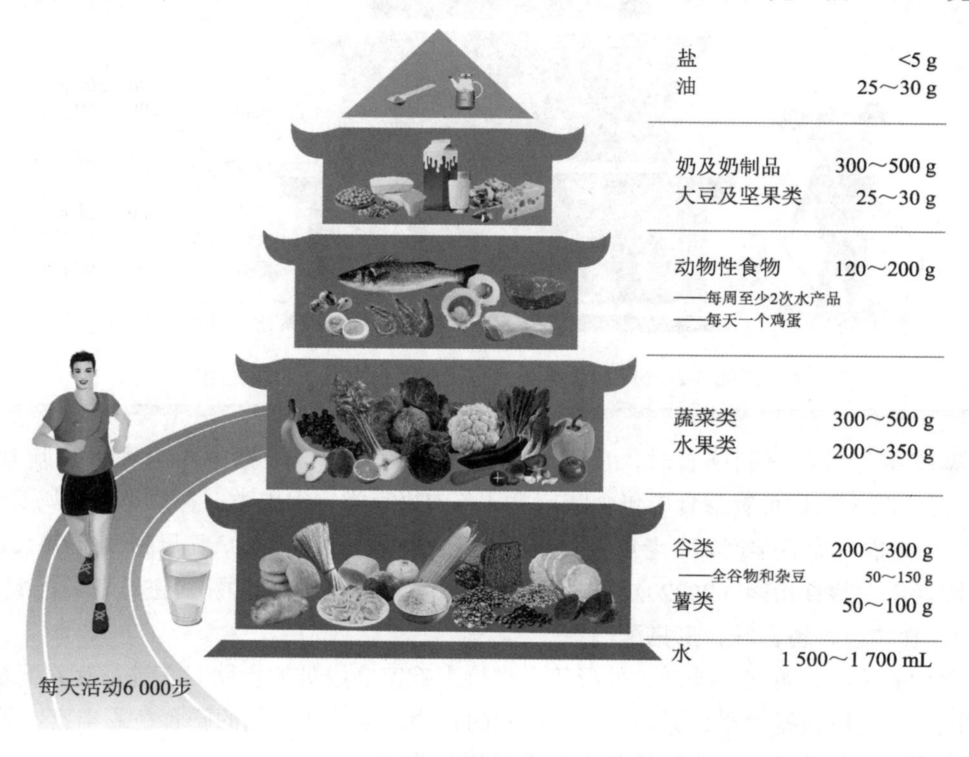

图 3-1　中国居民平衡膳食宝塔（2022）

《中国居民膳食指南（2022）》建议采用以谷物为主的平衡膳食模式，平均每人每天应摄入 12 种以上食物，每周 25 种以上。

图 3-2 是 6～10 岁学龄儿童平衡膳食宝塔（2022），请比较该图与图 3-1 的区别，并分析出现这些区别的原因。

图 3-2　6～10 岁学龄儿童平衡膳食宝塔（2022）

家政服务员在烹制膳食时，应注意搭配不同的食物。根据中国居民平衡膳食餐盘（2022）（图 3-3），每餐膳食应包含蔬菜类、鱼肉蛋豆类、水果类、谷薯类和牛奶等食物。此外，如果雇主家有孕产妇、老年人、儿童，还应根据《中国孕妇、乳母膳食指南（2022）》《中国老年人膳食指南（2022）》《中国学龄儿童膳食指南（2022）》等进行营养配餐。

2．食物色、香、味、形搭配

食物的色泽、香气、味道、外形等会直接影响家庭成员的食欲。在进行营养配餐时，家政服务员可以根据“彩虹原则”搭配不同的食物，尽量使烹制的膳食色彩丰富、香气扑鼻、美味可口、外形美观，以增强家庭成员的食欲。

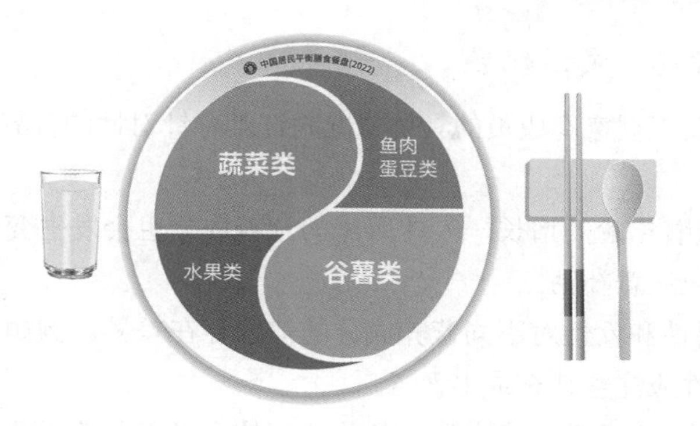

图 3-3　中国居民平衡膳食餐盘（2022）

食物搭配的“彩虹原则”

食物搭配的“彩虹原则”是指每天摄入的食物要有青、红、黄、白、黑五种颜色。《黄帝内经》指出，五色配五味，五味入五脏，青色养肝、红色补心、黄色益脾胃、白色润肺、黑色补肾。合理食用五色食物，可以起到预防疾病的作用。

（1）青色的食物有芹菜、菠菜、空心菜、黄瓜、青椒、绿豆等。

（2）红色的食物有猪肉、番茄、桑葚、山楂、红苹果、草莓等。

（3）黄色的食物有豆制品，黄色的蛋类、蔬菜和水果，如鸡蛋、黄豆芽、黄花菜、南瓜、柿子、柑橘、香蕉等。

（4）白色的食物有鸡肉、白萝卜、茭白、银耳、百合、大米、甘薯、山药等。

（5）黑色的食物有乌鸡、甲鱼、墨鱼、紫菜、香菇、黑木耳、黑芝麻、黑豆、黑米、紫米等。

资料来源：羊城晚报

（二）规律配餐，定时定量

俗话说：“早吃好，午吃饱，晚吃少。”家政服务员在安排一日三餐时，应注意定时定量。通常情况下，应在 7:00—8:00 提供早餐，且保证早餐营养全面；在 12:00—13:00 提供午餐，适当加量；在 18:00—19:00 提供晚餐，注意晚餐应清淡、易消化，量不宜多。早餐、午餐和晚餐的食物量可以按照 3∶4∶3 的比例准备。

家政服务员可根据家庭成员的需求，在 9:00—10:00 和 15:00—16:00 为其加餐。

（三）综合考虑，灵活配餐

家政服务员需要根据家庭成员的具体情况制订具有针对性的营养配餐方案，具体应考虑以下几点：

（1）年龄。随着年龄的增长，人体所需的营养成分也会发生变化。例如，老年人体内钙质流失较多，应注意补钙。

（2）性别。男性和女性对不同营养成分的需求存在差异。例如，女性容易贫血，应注意及时补铁；男性应注意补充维生素 A。

（3）健康状况。相较于健康人群，某些疾病的患者在营养成分摄入方面通常有一些特殊需求。例如，骨质疏松症患者需要补钙，糖尿病患者需要控糖。

（4）膳食习惯。膳食习惯包括民族膳食习惯、地域膳食习惯和个人膳食习惯。部分民族会有一些膳食禁忌，不同地域的居民有不同的膳食口味，不同家庭成员也有不同的膳食偏好。这就要求家政服务员在配餐前充分了解有关膳食习惯，从而制订出更加合理的营养配餐方案。

请简单介绍一下你所在家乡的膳食习惯。

此外，不同经济水平的家庭对食材价格的敏感度不同。家政服务员在配餐时应充分考虑雇主家的经济水平，既要保证膳食结构合理，又要合理控制成本。

制订营养配餐方案

【任务描述】

雇主 B 家共有 3 口人，分别为张先生、张太太和 9 岁的男童。家政服务员 A 计划为每位家庭成员制订不同的营养配餐方案。请选择其中一人，为其制订一天的营养配餐方案（含早餐、午餐和晚餐）。

【实施流程】

（1）学生自由分组，每组 3～6 人，并选出小组长。

（2）小组成员根据任务描述选择一位家庭成员，查阅《中国居民膳食指南（2022）》或《中国学龄儿童膳食指南（2022）》的主要内容。

（3）小组长汇总、整理所有资料，并组织小组成员合作制订营养配餐方案。

（4）各小组安排一人汇报营养配餐方案的内容。

（5）主讲教师对各小组进行点评。

任务二　食材选购

任务导入

阿秀根据营养配餐的相关知识和小明的膳食偏好，准备晚上为小明烹制胡萝卜炖牛肉和虾仁蒸蛋。由于王太太家的食材已基本用完，阿秀便前往生鲜超市购买了一些新鲜的牛肉、基围虾和胡萝卜。路过水果区时，阿秀也挑选了一些小明爱吃的水果。

思考：

（1）如何选购牛肉和虾类？

（2）如何选购蔬菜和水果？

一、食材选购的原则

家政服务员在烹制膳食前可能需要选购食材，选购时应遵循以下原则。

（一）多买新鲜食材

新鲜食材味道鲜美、营养丰富，而不新鲜的食材口感欠佳，营养价值也大打折扣，食用后甚至会危害人体健康。因此，家政服务员应注意多买新鲜食材。

（二）不买有毒食材

食用有毒食材容易引起食物中毒，从而危害人体健康。常见的有毒食材有以下几种：① 腐烂变质的食材，如腐烂的南瓜、发霉的花生、发芽的土豆；② 受到化学污染或放射性污染的食材；③ 病死的畜禽肉、水产品；④ 带有毒素的食材，如毒蘑菇。

视野拓展

如何应对食物中毒

食物中毒的症状一般包括恶心、呕吐、腹痛、腹泻等。如果发现有人进食后出现以上症状，应立即送其就医。在中毒者接受治疗前，可采取以下紧急处理措施：

（1）催吐。如中毒者在两小时内进食，可以将干净的手指、筷子等放到其喉咙深处轻轻划动引吐，同时让其喝些淡盐水，以补充水分。如中毒者已昏迷，则不能催吐，以免呕吐物堵塞呼吸道。

（2）导泻。如中毒者进食已超过两小时，可以让其服用泻药或将大黄用开水泡服，起到导泻作用。需要注意的是，导泻适用于体质较好的年轻人，儿童和老年人应慎用，以免引起脱水。

资料来源：人民网

（三）合理囤货

食材存放时间过长，会导致新鲜度下降甚至变质的情况。因此，选购食材时应根据其耐放程度合理购买。例如，绿叶菜、鲜肉等不耐放的食材应即买即食，大米等耐放的食材可按月用量购买。

（四）注意查看食品包装

购买预包装食品（即预先定量包装或制作在包装容器中的食品）时应仔细查看包装，具体需要注意以下几点。

1．查看包装是否完好

如包装破损或出现胀袋情况，则可判断包装内的食品已被污染或已变质，不宜购买。

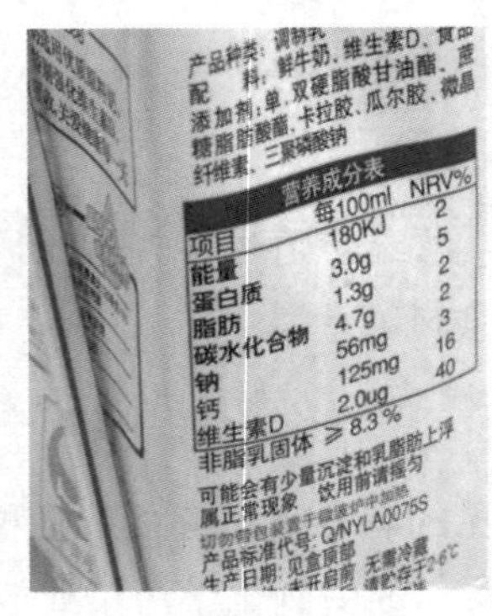

图 3-4　食品标签

2．查看食品标签

预包装食品外部均印有食品标签（图 3-4），家政服务员应重点查看以下信息：① 配料表，一般按加入量递减的顺序标示配料，可以帮助了解食品的主要成分。② 营养标签，包括营养成分表、营养声称和营养成分功能声称。其中，营养成分表中标有营养成分的名称、含量和占营养素参考值（NRV）的百分比，可以帮助判断食品的营养价值。③ 生产日期和保质期。宜选购近期生产的食品，不选购超过保质期的食品。

小贴士

根据《预包装食品标签通则》（GB 7718—2011），食品标签应包含食品名称，配料表，净含量和规格，生产者和（或）经销者的名称、地址和联系方式，生产日期和保质期，贮存条件，食品生产许可证编号，产品标准代号及其他需要标示的内容。

3．查看包装信息是否完整、清晰

如包装信息不完整、模糊或有涂改痕迹，则说明该食品的生产或销售环节不规范，因此不宜选购。

二、不同食材的选购

（一）畜禽肉及其制品

现代家庭中最常食用的肉是畜禽肉。家政服务员在选购畜禽肉及其制品时，可以采用观色、闻味、摸形等方法判断其品质。下面简要介绍猪肉、鸡肉、鸭肉、牛羊肉和肉制品的选购方法。

1．猪肉

家政服务员宜购买具有以下特征的新鲜猪肉：① 瘦肉呈淡红色、浅红色或鲜红色，脂肪呈白色或乳白色，有光泽，无黑斑；② 无腐臭味或其他异味；③ 表面微干，无黏液，肉质有弹性，切口处不渗水。

视野拓展

买猪肉认准“两章”

《生猪屠宰管理条例》第十二条规定：“生猪定点屠宰厂（场）屠宰的生猪，应当依法经动物卫生监督机构检疫合格，并附有检疫证明。”第十五条第二款中规定：“经肉品品质检验合格的生猪产品，生猪定点屠宰厂（场）应当加盖肉品品质检验合格验讫印章，附具肉品品质检验合格证。”

也就是说，经过正规检验检疫的猪肉，通常会加盖检疫验讫印章（图 3-5）和肉品品质检验合格验讫印章（图 3-6）。经检疫合格、品质检验合格的猪肉，可以放心选购。

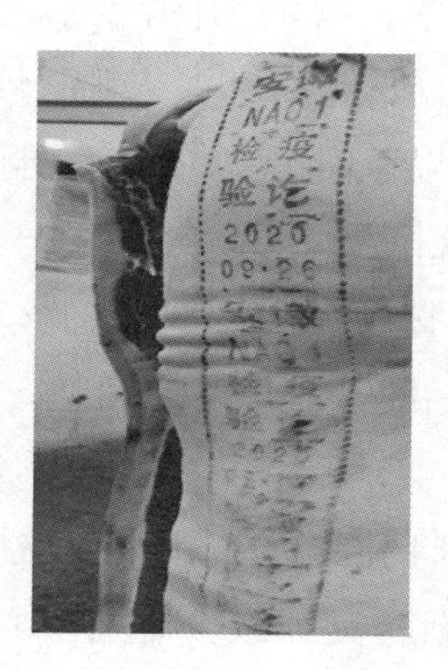

图 3-5　检疫验讫印章

图 3-6　肉品品质检验合格验讫印章

2．鸡肉

家政服务员可选购活鸡（图 3-7）、白条鸡（即经放血、去毛、净膛后的鸡，如图 3-8 所示）或已分割鸡肉。

图 3-7　活鸡

图 3-8　白条鸡

家政服务员宜选购健康、有活力的活鸡，其具体特征如下：① 羽毛有光泽、无脱落，鸡冠挺直且呈鲜红色，眼睛灵活有神，翅膀上无红针眼，肛门周围无脏物；② 鸡被提起后会收起双腿，有力地挣扎，并发出长而响亮的鸡鸣声。

手触活鸡的鸡胸，如果手感较硬，则可判断鸡被填食了，不宜选购。

家政服务员宜选购具有以下特征的白条鸡或已分割鸡肉：① 普通鸡肉呈粉白色，有光泽，软骨白净，乌鸡的皮肤、肉、内脏和骨头均呈乌黑色；② 无腐臭味或其他异味；③ 表面微干，无黏液，肉质紧实，有弹性。

3．鸭肉

家政服务员可选购活鸭、白条鸭或已分割鸭肉。

家政服务员宜选购健康、有活力的活鸭。此外，烹制不同菜肴时应选购不同的鸭，如炖汤宜买老鸭，炒菜宜买嫩鸭。老鸭和嫩鸭的区别体现为以下几点：① 老鸭羽毛粗硬，嫩鸭羽毛细软；② 老鸭的鸭喙（图 3-9）较硬，一般长有花斑，嫩鸭的鸭喙较软；③ 老鸭胸骨突出，嫩鸭胸骨一般不太明显；④ 老鸭鸭掌呈深黄色，底部有大而硬的肉垫，而嫩鸭鸭掌呈嫩黄色，肉垫小而软。

图 3-9　老鸭的鸭喙

家政服务员宜选购具有以下特征的白条鸭或已分割鸭肉：① 鸭皮呈乳白色，切面偏红，鸭皮表面渗出少量油脂，呈浅红色或浅黄色；② 无腐臭味或其他异味；③ 表面无黏液，肉质紧实。

4．牛羊肉

家政服务员宜选购具有以下特征的新鲜牛羊肉：① 有光泽，牛肉呈鲜红色，脂肪呈白色或乳黄色，羊肉呈鲜红色或粉红色；② 无异味，牛肉通常有淡淡的肉腥味，羊肉有膻味；③ 表面微干，无黏液，肉质紧实，有弹性，不渗水。

若要选购速冻的牛羊肉卷，则应挑选颜色较鲜肉淡，呈粉红色的。如颜色非常鲜艳，则可能添加了色素，不宜选购。

5．肉制品

肉制品是指以畜禽肉或其可食副产品等为主要原料加工而成的可食用产品，如腊肉、火腿、肉糕等。家政服务员宜选购具有以下特征的肉制品：① 色泽和组织形状正常，无霉斑、虫蛀痕迹，无异味；② 食品包装完好无损，包装信息合规；③ 由正规的食品经营者生产和销售。

小贴士

正规的食品经营者通常拥有营业执照、食品经营许可证和卫生许可证等证件。

（二）水产品及水产加工品

家政服务员宜选购鲜活的水产品或经规范处理的水产加工品。下面主要介绍鲜活的鱼类、虾类和蟹类的选购方法。

1．鱼类

家政服务员宜选购具有以下特征的鲜活鱼类：① 鱼身表面干净，黏液少；② 鳞片完整，紧贴鱼身；③ 鱼肚不发胀，按压后会回弹；④ 鱼眼清澈透明，眼球饱满；⑤ 鱼鳃呈鲜红色，无脏污、黏液、臭味。

小贴士

家政服务员应注意选购重量合适的鱼类。例如，一般宜购买 1～2 斤的鲤鱼、3～4 斤的草鱼、2～3 斤的鲢鱼、0.5～1 斤的鲫鱼。

2．虾类

家政服务员宜选购具有以下特征的鲜活虾类：① 虾头和虾尾完整，虾身呈弯曲状（图 3-10），无明显的脏污；② 虾壳发亮，色泽正常，多呈青绿色或青白色；③ 无腥臭味或其他异味；④ 肉质紧实，有弹性。

图 3-10　虾身呈弯曲状

3．蟹类

家政服务员宜选购具有以下特征的鲜活蟹类：① 蟹腿与蟹身紧密相连，无脱落，蟹腿绒毛越多的蟹通常越健壮；② 蟹背有光泽，多呈青灰色或墨绿色；③ 腹部呈白色或略微发黄，纹理清晰，雄蟹腹脐（图 3-11）为三角形，雌蟹腹脐（图 3-12）为圆形；④ 蟹眼灵活；⑤ 无腥臭味或其他异味；⑥ 手感较沉。

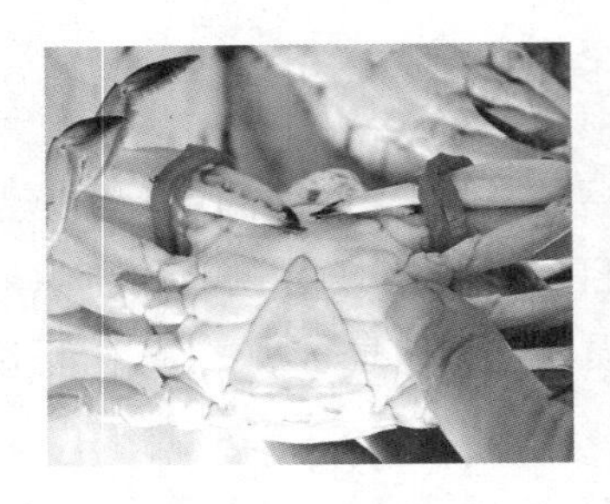

图 3-11　雄蟹腹脐

图 3-12　雌蟹腹脐

（三）蛋类

蛋类包括鲜蛋和蛋制品。其中，鲜蛋是指禽类所产的未经加工的蛋。家政服务员宜选购具有以下特征的鲜蛋：① 除鹌鹑蛋（图 3-13）蛋壳呈花斑状外，多数禽蛋的蛋壳呈单色，如白色、红色、青色等，颜色均匀；② 外壳干净、完整，无裂痕、霉斑；③ 在灯光照射下，蛋壳内部透亮，呈微红色，无暗影或黑点；④ 有淡淡的蛋腥味，无异味。

图 3-13　鹌鹑蛋

蛋制品是指以蛋为主要原料（蛋含量占 50%以上）加工而成的蛋品，如咸蛋、卤蛋、皮蛋、蛋粉、蛋干等。家政服务员应注意查看蛋制品包装，尽量选购近期生产且由正规的食品经营者生产和销售的蛋制品。

（四）蔬菜和水果

家政服务员在选购蔬菜和水果时，可以采用观色、辨形、闻味等方法判断其品质。

1．蔬菜

家政服务员宜选购具有以下特征的新鲜蔬菜：① 颜色正常，有光泽；② 形态完整、饱满，无畸形（畸形蔬菜如图 3-14 所示），无萎蔫（niān）、损伤、病变、霉烂、虫蛀等情况；③ 散发清香、甘辛味或甜酸味，无腐臭味、酸臭味或化学药剂的刺激味。

黄瓜

番茄

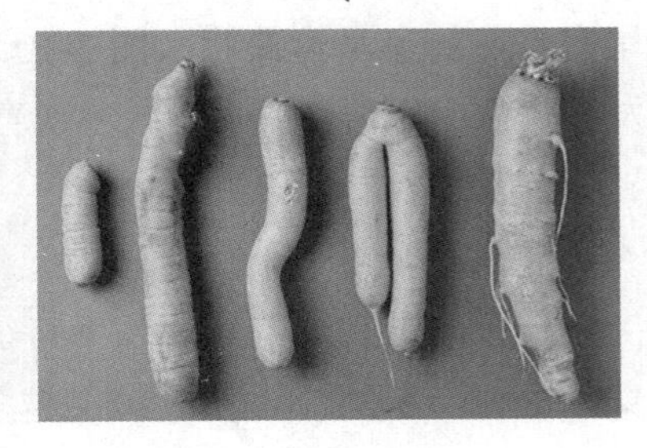

胡萝卜

图 3-14　畸形蔬菜

2．水果

常见水果的选购技巧

家政服务员宜选购具有以下特征的新鲜水果：① 果皮颜色鲜艳，有光泽，原有纹路清晰；② 形态饱满，无畸形（畸形水果如图 3-15 所示），果皮完好，无损伤、病变、霉烂、虫蛀等情况；③ 果香浓郁，无腐臭味、酸臭味。

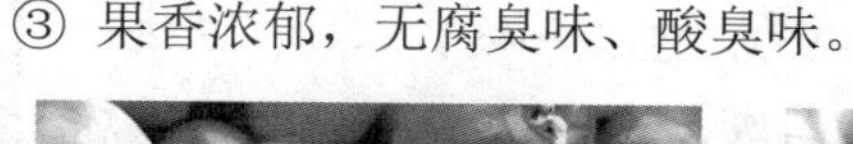

油桃

草莓

西瓜

图 3-15　畸形水果

过量施肥、使用激素等会导致蔬菜和水果过于肥大，这种蔬菜和水果不仅口感差，而且食用后会对人体造成伤害。

（五）粮油

1．粮食

粮食是对谷物、豆类、薯类及其加工产品的统称，如大米、面粉、玉米、大豆、马铃薯等。家政服务员可以采用看外观、闻味道、摸质感等方法判断其品质。下面主要介绍优质大米和面粉的选购方法。

家政服务员宜选购具有以下特征的大米：① 颗粒饱满，大小均匀，表面呈白色，无黑斑，碎米少，无杂质；② 散发谷香，无霉味、臭味；③ 手感光滑，手捏不碎。

家政服务员宜选购具有以下特征的面粉：① 不结团，呈白色或微黄色，麸星少，无杂质；② 无霉味、酸臭味；③ 手感绵软、凉爽，取少量捏在手心，松手后可以散开。

2．油

这里的油是指食用油，包括动物油和植物油。动物油富含饱和脂肪酸，食用过多会危害人体健康。因此，家政服务员宜选购植物油。

植物油主要包括大豆油、花生油、橄榄油、菜籽油、玉米油等，家政服务员可以采用看颜色、看纯净度、闻味道等方法判断其品质。一般宜选购具有以下特征的植物油：① 呈黄色、黄棕色或棕色，质量等级越高的颜色越淡；② 纯净度和透明度高，无杂质，无沉淀，不分层；③ 有油香，无异味。

植物油的质量等级

市面上售卖的植物油一般会标注质量等级（图 3-16），包括一级、二级、三级、四级（压榨花生油、压榨山茶油、芝麻油只有一级和二级）。一级、二级植物油精炼程度高，颜色浅，杂质少，烹调时油烟少，口感好，但也流失了很多营养成分；三级、四级植物油精炼程度低，颜色深，杂质多，烹调时会产生大量油烟，油脂味浓，保留的营养成分较多。

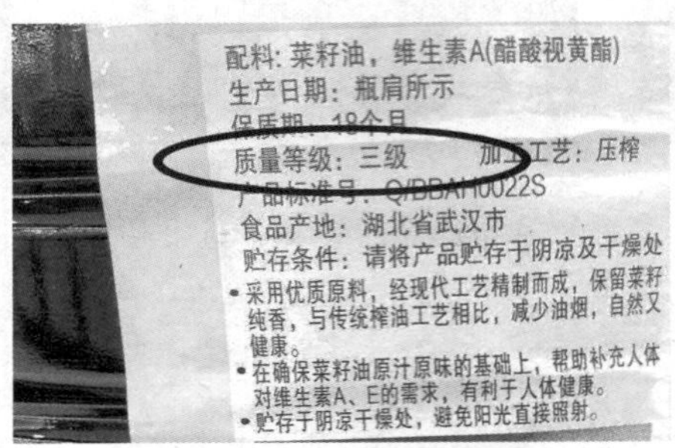

图 3-16　植物油的质量等级

资料来源：中国食品安全报

（六）调味品

调味品可以用来调和食品的滋味和气味，主要包括盐、白糖、酱油、食醋、味精、酱类、腐乳、香辛料和香辛料调味品等。下面介绍几种常用调味品的选购方法。

1．盐

家政服务员应根据家庭成员的身体状况和所处地区选择合适类型的盐。例如，甲亢患者应食用未加碘食盐，高血压患者应食用低钠盐，以防止疾病恶化；水碘含量（即水中碘离子的含量）在 10 微克/升以下地区的居民应食用加碘盐，水碘含量在 100 微克/升以上地区的居民应食用未加碘食盐。

2019 年 5 月 7 日，国家卫生健康委发布《全国生活饮用水水碘含量调查报告》。该报告显示，北京、江西、海南、重庆、贵州、云南、西藏和甘肃等地区县级水碘含量均在 10 微克/升以下，四川、湖北、青海、广西、福建、上海、浙江、新疆、湖南、黑龙江和辽宁水碘含量在 10 微克/升以下的县比例高于 90%，河北、河南和山东水碘含量在 10 微克/升以下的县比例低于 70%。

同时，部分省份存在水源性高碘地区。全国水碘含量在 100 微克/升以上的县有 61 个，分布在 8 个省份，其中，河北 21 个、山东 14 个、河南 11 个、安徽 10 个、江苏 2 个、天津 1 个、山西 1 个、湖南 1 个。

2．酱油

酱油包括生抽和老抽。生抽呈红褐色，较稀薄，适合炒制或凉拌菜肴；老抽呈棕褐色，较黏稠，适合红烧或卤制菜肴。选购酱油时需要注意以下几点：① 优先选择酿造酱油而非配制酱油；② 优先选择清澈、无沉淀、有浓郁酱香的优质酱油；③ 选择氨基酸态氮含量更高的酱油。

氨基酸态氮含量是判断酱油发酵程度的指标，含量越高，说明酱油的鲜味和品质越好。特级酱油、一级酱油、二级酱油、三级酱油中氨基酸态氮含量的下限分别为 0.80 克/100 毫升、0.70 克/100 毫升、0.55 克/100 毫升、0.40 克/100 毫升。

3．食醋

选购食醋时需要注意以下几点：① 优先选择酿造食醋而非配制食醋；② 优先选择清澈、呈琥珀色或红棕色、摇晃后泡沫多且持久的优质食醋。

4．香辛料和香辛料调味品

家政服务员宜选购具有以下特征的香辛料和香辛料调味品：① 青花椒呈褐色或绿褐色，红花椒呈鲜红色或紫红色，粒大而饱满，香味浓郁，手握硬脆，一捏即碎；② 八角（图 3-17）呈棕红色、褐红色或黑红色，瓣角完整、饱满，裂缝大，有甘草香；③ 桂皮（图 3-18）呈棕色，干燥，无霉点；④ 茴香（图 3-19）呈绿色或黄绿色，颗粒饱满；⑤ 辣椒面呈橘红色，干燥，不结团。

图 3-17　八角

图 3-18　桂皮

图 3-19　茴香

任务实施

食材挑选训练

【任务描述】

雇主 B 准备为儿子办一场生日宴，需要家政服务员 A 帮忙采购一些食材，包括以下几种类型：

（1）畜禽肉及其制品，包括猪肉、鸡翅、香肠。

（2）水产品，包括鲈鱼、草虾。

（3）蔬菜，包括生菜、茄子、番茄。

（4）水果，包括苹果、香蕉、梨。

（5）粮油，包括大米、面粉、菜籽油。

（6）调味品，包括盐、酱油、食醋、八角。

请任意选择一种类型，挑选该类型中的所有食材。

【实施流程】

（1）学生自由分组，每组两人。

（2）小组成员根据任务描述选择一种类型的食材，前往菜市场或超市挑选。

（3）各小组中一人挑选食材，讲解挑选标准，另一人将食材挑选过程拍成视频，简单加工后提交给主讲教师。

（4）主讲教师对各小组进行点评。

任务三　食材加工

任务导入

选购完所需食材后，阿秀便回到王太太家加工这些食材。阿秀先将牛肉浸泡在淡盐水中，以去除血水，然后用清水冲洗干净后切块，最后放入冷水锅中焯水备用；去除基围虾的虾头、虾壳和虾线，然后冲洗干净，用盐和料酒腌制备用；将胡萝卜洗净、去皮，然后切成滚刀块状备用。

思考：

（1）如何清洗牛肉和虾类？

（2）如何进行冷水锅焯水？

（3）如何腌制食材？

家政服务员在烹制菜肴前需要对食材进行加工，如清洗、切菜、配菜、焯水、腌制、上浆、挂糊等。

一、清洗

刚买回的食材通常含有杂质或残留的农药，因此要先清洗。下面主要介绍肉类、蔬菜、谷物产品和干制品的清洗方法。

（一）肉类

清洗畜禽肉的一般步骤如下：① 清洗已分割的肉时，应先用淡盐水浸泡出血水，然后用清水冲洗干净；② 清洗活禽时，应宰杀后去毛，然后剥除内脏，最后分别清洗内脏和肉。

清洗鱼类的一般步骤如下：① 刮鱼鳞，去腮；② 剖开鱼肚，取出内脏；③ 用清水冲洗干净。

如果鱼身有黏液，清洗时可以在水中滴几滴植物油。

清洗虾类的一般步骤如下：① 用清水刷洗；② 剪去虾须、虾枪，剪开虾背，挑出虾线；③ 用清水冲洗干净。

清洗蟹类的一般步骤如下：① 用清水或淡盐水浸泡，使蟹吐出腹内杂物；② 刷洗外壳和腿部绒毛；③ 去除蟹腮、内脏；④ 用清水冲洗干净。

（二）蔬菜

清洗蔬菜的一般步骤如下：① 择（zhái）菜，去除枯叶、黄叶、烂叶、根须、蒂、皮、籽等不宜食用的部分，如剥除春笋的外皮（图 3-20），去除四季豆的柄部、尖部和筋（图 3-21）；② 放入清水中浸泡几分钟；③ 清洗，去除表面杂质；④ 用清水冲洗干净。

图 3-20　剥除春笋的外皮

图 3-21　去除四季豆的柄部、尖部和筋

（三）谷物产品

大米、玉米糁（shēn）、高粱米等谷物产品在烹制前需要淘洗，以去除劣质粒和杂质。为了减少营养流失，淘洗时不宜用热水，淘洗次数不宜过多，两次即可。

（四）干制品

对黑木耳进行水发

干制品是指对原料进行脱水处理后制成的食材，如干木耳、干海带、腐竹、粉丝等。清洗干制品的一般步骤如下：① 泡发；② 用清水冲洗干净。

泡发干制品的常用方法有水发、碱发、油发、盐发、火发，不同方法适用于泡发不同干制品，如表 3-2 所示。

表 3-2　泡发干制品的常用方法

方法	具体操作	适用性
水发	分为冷水发和热水发。冷水发是指将食材放入冷水中浸泡；热水发是指将食材放在热水中浸泡或烹煮，或者对食材进行焖、蒸	泡发质地软嫩的食材，如脱水蔬菜
碱发	先后用清水和碱性溶液浸泡食材	泡发质地较硬的食材，如鲍鱼干、鱿鱼干
油发	先用凉油或温油浸泡食材，然后在油中加热	泡发富含胶质和结缔组织的食材，如干鱼片、干鱼肚
盐发	将食材放入盐中加热，并炒、焖一段时间	同油发
火发	用火去除食材表面的绒毛等，然后进行水发	泡发表面有绒毛、角质和硬皮的食材，如干乌参

课堂互动

如何清洗马铃薯、冬瓜、辣椒、绿豆、腐竹等食材？

二、切菜

切菜是指根据菜肴烹制需要将食材切成相应形状的过程。食材的形状在一定程度上决定了菜肴的口感和美观度，因此，家政服务员在切菜时需要注意以下几点。

（一）形状合适、美观

烹制不同菜肴时应将食材切成不同形状，如末、丁、丝、条、片、块等。例如，做青椒肉丝时，宜将食材切成丝状；做炖菜时，宜将食材切成滚刀块状（图 3-22）。需要注意的是，应尽量保证切好的食材大小相等、厚薄一致，以使烹制好的菜肴更美观，口感更佳。

图 3-22　滚刀块状

刀工技巧

（1）直切：从上到下笔直向下切。直切适合切脆嫩的食材，如土豆、白菜等。

高效切菜小技巧

（2）推切：将刀从后到前、从上到下推到底。推切适合切有韧性的食材或直切时容易断裂的食材，如猪腿肉、豆腐干等。

（3）拉切：将刀从前到后、从上到下拉到底。拉切适合切有韧性的食材，如里脊肉。

（4）锯切：先向前推刀，然后向后拉，切时用力小，落刀慢。锯切适合切较厚的有韧性的食材，如火腿、面包等。

（5）铡（zhá）切：用左手握住刀背前端，右手持刀，将刀尖抵在菜板上，提起刀柄，然后用力将刀按下。铡切适合切带壳的食材，如螃蟹、咸鸭蛋等。

（6）滚刀切：用左手按住食材，右手持刀，一边斜切，一边滚动食材，切一刀，滚一次。滚刀切可将食材切成滚刀块状，适合切脆性的食材，如萝卜、茄子等。

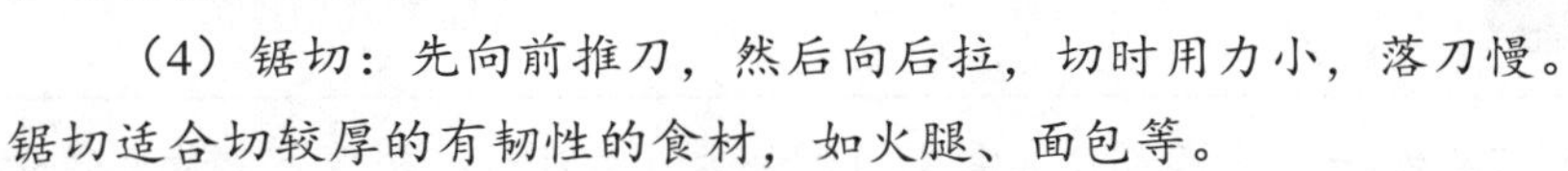

资料来源：《家政服务员》，北京：化学工业出版社

（二）按食材纹理切

很多食材都有纹理，家政服务员可以按照这些纹理切菜。例如，切蔬菜时宜顺纹切（即刀口方向与食材纹理平行），以减少营养流失；切肉丝时宜顺纹切，以免烹制时碎烂；切肉片时宜逆纹切（即刀口方向与食材纹理垂直），以使肉片口感鲜嫩、方便咀嚼。

（三）注意切菜卫生

生肉通常含有较多细菌，与蔬菜放一起会污染蔬菜。因此，在切蔬菜和肉类时，应使用不同的刀具和菜板。此外，还应注意生熟分开，不宜将切好的生肉和熟食放在一起。

三、配菜

配菜是指将切好的不同食材搭配在一起。配菜时应注意形状、颜色、数量、口味等方面的搭配，具体如下：

图 3-23　炒三丝

（1）形状搭配。将形状相同的食材搭配在一起，可以让菜肴更加整齐、美观。例如，炒三丝（图 3-23）是由各种丝状食材搭配而成的。

（2）颜色搭配。将不同颜色的食材搭配在一起，可以让菜肴颜色更加丰富，起到增强食欲的作用。

（3）数量搭配。如菜肴无主料、辅料之分，如地三鲜、爆三样，则各种食材的用量应基本相等；如菜肴有主料、辅料之分，如熘肉段、回锅肉，则主料的用量应比辅料多。

（4）口味搭配。不同食材的味道不同，合理搭配可以让各种食材的味道相得益彰。搭配时需要注意以下几点：① 用辅料衬托主料的味道，例如，将辣椒作为肉类的辅料，可以起到去除肉腥味的作用；② 注重荤素搭配、滋味浓淡搭配，例如，将肉类和蔬菜搭配，可以起到解腻的作用。

家政服务员 A 需要做一道玉米虾仁（需要用到虾仁、玉米粒、胡萝卜、黄瓜等食材）和一道板栗炖鸡块（需要用到板栗和鸡肉）。请问：在烹制这两道菜肴时，分别应如何配菜？

四、焯水、腌制

（一）焯水

焯水是指将食材放入水中煮至半熟，再取出备用的过程。焯水可以有效减轻食材原有的苦涩味、辛辣味、腥膻味或臭味，去除肉类所含的血污、杂质，使蔬菜的颜色更加鲜艳。焯水的方法有冷水锅焯水和沸水锅焯水两种。

（1）冷水锅焯水：将食材直接放入冷水中，煮至半熟后捞出。这种方法适合处理体积大、腥膻味较重的肉类（如牛羊肉、动物内脏），或者处理部分体积大、质地硬的蔬菜（如萝卜、笋）。

（2）沸水锅焯水：将水烧沸后放入食材，煮至半熟后捞出。这种方法适合处理体积小、腥膻味较轻的肉类（如鸡肉），或者处理颜色鲜艳、质地脆嫩的蔬菜（如菠菜）。

（二）腌制

腌制是指将盐、酱油、料酒等调味品渗入食材（尤其是肉类）内的过程。在烹制前腌制食材，既可以减轻食材的异味，又可以使食材滋味更加浓厚。

腌制食材的一般步骤如下：① 将洗净的食材和盐、料酒等调味品混在一起并抓拌均匀；② 静置一段时间，使调味品充分渗入食材。

五、上浆、挂糊

（一）上浆

上浆是指加热食材前，先在其表面裹上一层淀粉浆液的过程。淀粉浆液包括蛋清浆、全蛋浆、水粉浆、苏打浆，如表 3-3 所示。

表 3-3　淀粉浆液

类型	调制方法	适用性
蛋清浆	用鸡蛋清、淀粉和水调制而成	烹制炒、熘类菜肴，如炒虾仁、熘鱼片
全蛋浆	用鸡蛋、淀粉和水调制而成	烹制煎炸、酱爆类菜肴，如炸茄盒、酱爆鸡丁
水粉浆	用淀粉和水调制而成	处理含水量高的肉类或动物内脏，如鱿鱼、猪肝
苏打浆	用鸡蛋清、淀粉、小苏打和水调制而成	处理质地硬、纤维粗的食材，如牛肉

小贴士

现代家庭常用的淀粉有玉米淀粉、马铃薯淀粉、甘薯淀粉、木薯淀粉等。玉米淀粉筋度低、黏性差，适合拍粉、上浆、挂糊；马铃薯淀粉顺滑、黏稠，适合上浆；甘薯淀粉吸水性好，较黏稠，适合挂糊；木薯淀粉黏性好，适合上浆、挂糊。

（二）挂糊

挂糊是指加热食材前，先在其表面挂上一层较黏稠的淀粉糊的过程。淀粉糊包括水粉糊、蛋清糊、蛋泡糊、全蛋糊、拍粉糊、拍粉拖蛋糊、脆皮糊等，如表 3-4 所示。

表 3-4　淀粉糊

类型	调制方法	适用性
水粉糊	用淀粉和水调制而成	烹制干炸、脆熘类菜肴，如锅包肉、咕噜肉
蛋清糊	用鸡蛋清、淀粉或面粉加水调制而成	烹制软炸类菜肴，如软炸虾仁
蛋泡糊（图 3-24）	打发鸡蛋清，然后加入淀粉或面粉后搅拌	烹制松炸类菜肴，如高丽大虾、雪衣豆沙

续表

类型	调制方法	适用性
全蛋糊	用鸡蛋、淀粉或面粉加水调制而成	烹制炸、熘类菜肴，如软炸鱼条、熘肉段
拍粉糊（图 3-25）	直接使用现成的粉料，如淀粉、面粉、米粉、面包糠等	处理水分少、质地嫩的食材，如茄子、带鱼
拍粉拖蛋糊	在食材上拍上粉料后再粘上鸡蛋液	处理水分多、油脂多的食材，如苹果、猪腰
脆皮糊	用面粉、淀粉、吉士粉、泡打粉和色拉油调制而成，调好后发酵 15 分钟以上	烹制脆皮类菜肴，如脆皮香蕉、脆皮鸡腿

图 3-24　蛋泡糊

图 3-25　拍粉糊

小贴士

上浆和挂糊的区别如下：① 淀粉浆液含水多，较稀薄，淀粉糊则较黏稠。② 食材上浆后再烹制，口感较嫩滑；食材挂糊后再烹制，口感酥脆、松软。

任务实施

食材加工训练

【任务描述】

某场生日宴中有一道鱼香肉丝，家政服务员 A 已购买好所有的食材，包括里脊肉、干木耳、胡萝卜，现在需要对这些食材进行加工。请以小组为单位进行食材加工训练。

【实施流程】

（1）学生自由分组，每组 4 人或 5 人，并选出小组长。

（2）各小组根据任务描述准备所需食材和工具，并进行任务分工。

（3）小组成员分别处理不同的食材，小组长负责把控和拍摄食材加工的整个过程，并将视频简单加工后提交给主讲教师。

（4）主讲教师对各小组进行点评。

任务四　菜肴烹制

任务导入

将食材加工完后，阿秀就开始烹制胡萝卜炖牛肉和虾仁蒸蛋。她将腌制好的牛肉放入油锅中炒制、调味，然后加入热水，炖制约一小时后，放入胡萝卜块，继续炖制半小时后加盐，最后出锅。之后，她开始烹制虾仁蒸蛋：将已搅拌好的鸡蛋液放入蒸屉内蒸至半熟，然后放入虾仁，再蒸制几分钟后出锅。

思考：

（1）蒸制菜肴的步骤是怎样的？

（2）炖制菜肴的步骤是怎样的？

烹制菜肴的技法多种多样，包括煎、炒、爆、炸、烹、熘、贴、烩、扒、烧、炖、焖、蒸、汆（tǔn）、煮、烤、酱、卤、拌、炝、熏、拔丝、蜜汁、挂霜等。下面主要介绍炒、蒸、炖、焖、烤等技法的操作方法，以及凉菜的制作方法。

一、炒制菜肴

炒是指将已加工的食材放入锅内加热，同时不断翻动食材的技法。炒一般分为生炒、熟炒、滑炒、爆炒、干炒、水炒等。下面主要介绍生炒、熟炒和滑炒的具体操作方法。

（一）生炒

生炒是指直接将生的食材放入锅内翻炒，一般步骤如图 3-26 所示。生炒适合炒制细嫩的肉类和脆嫩的蔬菜，炒制的菜肴汁少，口感鲜嫩，如生炒菜芯。生炒时需要注意以下几点：① 宜将食材切成丁、丝、条、片等形状，以便尽快炒熟；② 翻炒时速度应快且均匀，确保食材受热均匀；③ 用力要轻，以免食材碎烂。

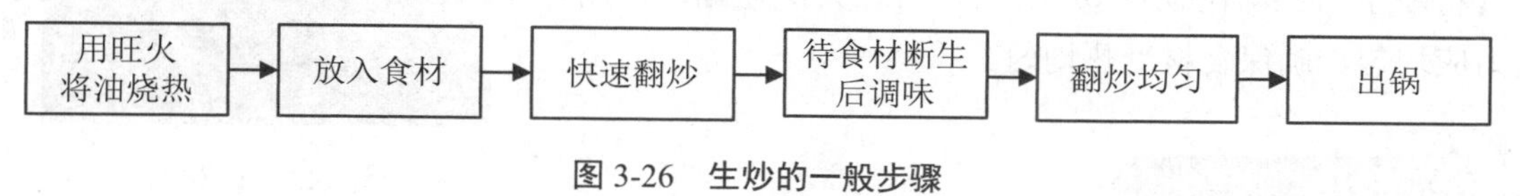

图 3-26　生炒的一般步骤

（二）熟炒

在熟炒过程中，需要将食材加热两次，一般步骤如图 3-27 所示。熟炒适合炒制大部分不易炒熟的食材，炒制的菜肴口感醇厚，如回锅肉。熟炒时通常会采用煮、蒸、炸等方式将食材加热至半熟或全熟后，再将其切成块状或条状再次加热，一般不上浆或挂糊，在菜肴出锅时可以勾芡。

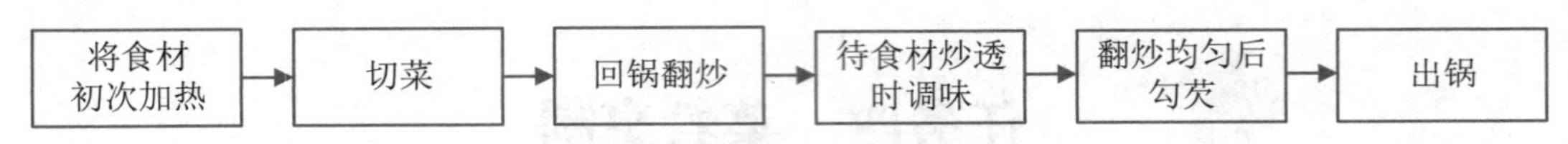

图 3-27　熟炒的一般步骤

勾芡

勾芡是指烹制菜肴时添加一些淀粉液，使汤汁变得浓稠、菜肴口感更加嫩滑的技巧。

勾芡的一般步骤如下：① 用淀粉、水等调制芡汁；② 待菜肴将熟时倒入芡汁；③ 翻炒或推拨食材，使芡汁分布均匀。

勾芡时需要注意以下几点：① 勾芡适用于炒、熘类菜肴，不适用于干烧、清蒸类菜肴；② 通常在完成调味、调色后，菜肴将熟时勾芡；③ 勾芡时菜肴的汤汁不宜过多；④ 注意芡汁的浓度，烹制炒、红烧类菜肴时宜用厚芡，烹制熘类菜肴或汤羹时宜用薄芡。

资料来源：《中式烹调技艺》，成都：电子科技大学出版社

（三）滑炒

滑炒是指将食材经滑油加热后再炒，一般步骤如图 3-28 所示。滑炒适合炒制较鲜嫩的食材，炒制的菜肴嫩滑、鲜香，如滑炒鸡块、鱼香肉丝。

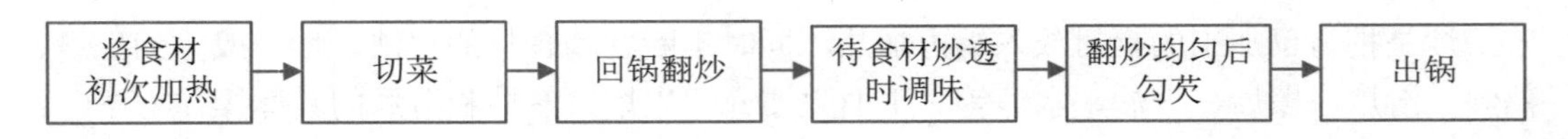

图 3-28　滑炒的一般步骤

滑炒时需要注意以下几点：① 将食材切成丁、粒、丝或薄片，如果食材较厚、硬（如鱿鱼），宜将其改花刀（图 3-29）；② 滑油时油温不宜过高，多为五成热，食材断生后立即出锅；③ 回锅时用旺火快速翻炒，用力应均匀，确保食材受热均匀。

图 3-29　改花刀

小贴士

炒与煎、炸的区别如下：① 用油量不同，炒用油量适中，煎用油量少，炸用油量多（一般应没过食材）；② 操作方法不同，炒需要快速翻动食材，煎、炸通常需要等一面已半熟甚至全熟后，再翻动加热另一面。

二、蒸制菜肴

蒸是指用蒸汽将食材加热成熟的技法，一般步骤如图 3-30 所示。

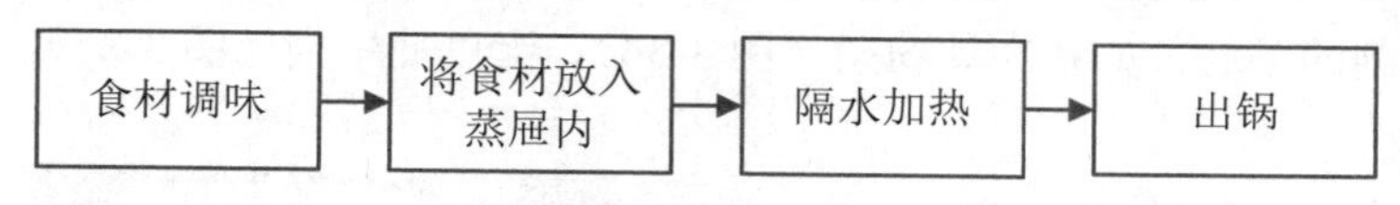

图 3-30　蒸的一般步骤

蒸制的菜肴，如八宝鸭（图 3-31）、粉蒸肉（图 3-32）、清蒸鲈鱼（图 3-33），通常保留有食材的原汁原味，清淡不腻。此外，蒸制菜肴可以减少营养流失。

图 3-31　八宝鸭

图 3-32　粉蒸肉

图 3-33　清蒸鲈鱼

蒸制菜肴时需要注意以下几点：① 选择质地鲜嫩、异味较轻的食材。② 提前对食材进行调味，蒸制过程中不宜再调味。③ 注意笼屉的摆放顺序，处于上层的笼屉内温度更高，因此应将不易熟的食材放在上层。④ 在蒸制过程中把控好火候。一般用旺火，如需保留菜肴的造型，宜用中小火；蒸制蔬菜的时间较短，蒸制肉类的时间稍长。

视野拓展

如何把控火候

火候是指烹制菜肴时所用的火力和时间。火力通常分为小火、中火和旺火。烹制菜肴时需要从以下三个方面综合把控火候：

（1）根据食材特性调整火候。软、嫩、脆的食材多用旺火速成，老、硬、韧的食材多用小火长时间烹制；食材数量多，就需要减弱火力，延长时间。此外，有些菜肴在烹制过程中需要使用不同的火力。例如，清炖牛肉时宜先用旺火再转小火，氽鱼脯时宜先用小火后用中火。

（2）根据烹制菜肴的技法调整火候。采用炒、爆、炸、烹等技法时多用旺火，缩短加热时间；采用烧、炖、焖、煮等技法时多用小火，延长加热时间。

（3）根据家庭成员对菜肴口感的要求调整火候。如需要菜肴口感脆嫩，宜用旺火速成；如需要菜肴口感软烂，宜用小火，延长加热时间。

资料来源：搜狐网

三、炖制菜肴

炖是指将已加工食材放入锅中加水或汤汁，先用旺火煮沸再转中小火将食材加热至成熟的技法。炖制的菜肴，如猪肉炖粉条（图 3-34）、土豆炖牛肉（图 3-35），口感软烂，汤汁浓郁。

图 3-34　猪肉炖粉条

图 3-35　土豆炖牛肉

炖分为隔水炖和不隔水炖，一般步骤分别如图 3-36 和图 3-37 所示。隔水炖可以比较好地保留食材原有的滋味，汤汁清澈，营养流失少；不隔水炖可以使菜肴更入味，汤汁更浓郁。

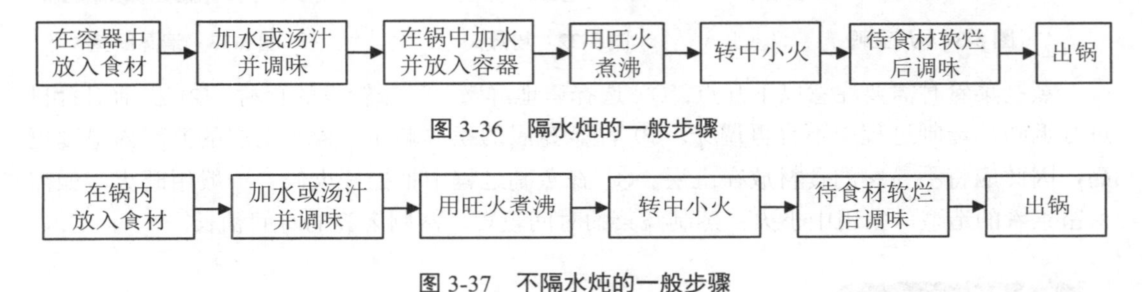

图 3-36　隔水炖的一般步骤

图 3-37　不隔水炖的一般步骤

炖制菜肴时需要注意以下几点：① 炖制前需要将食材焯水，以去除杂质和异味；② 将肉类食材焯水后，可简单炒制，以增加香味；③ 加水或汤汁时应一次性加足；④ 炖制过程中应盖上锅盖，以充分锁住食材的滋味；⑤ 第一次调味时一般加料酒、葱、姜等，以去除食材的异味，第二次调味时加盐、味精等，以使炖出的汤更加鲜美。

小贴士

炖和煮的区别如下：① 炖制时将水或汤汁用旺火煮沸后立即转中小火，煮制时始终用旺火；② 炖制菜肴所需时间较长，煮制菜肴所需时间较短。

四、焖制菜肴

焖是指将已加工食材放入锅中加水或汤汁、调味品，用旺火煮沸后转中小火，最后勾

芡出锅的技法，一般步骤如图 3-38 所示。焖适合烹制质地细嫩、有韧性的食材，如鸡肉、鱼类。焖制的菜肴口感软烂，汤汁浓稠，滋味浓郁。

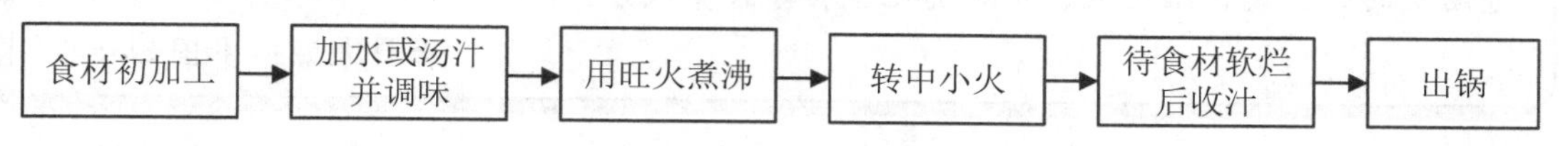

图 3-38　焖的一般步骤

焖制菜肴时需要注意以下几点：

（1）在食材加工环节，除了清洗、切配外，通常还包括一次热加工，即用炒、炸等技法加热食材。例如，做黄焖鸡时，需要先将鸡肉放入油锅中加豆瓣酱等调味品炒香。也有部分焖制菜肴不需要进行热加工，如做生焖鸭时，直接将生的食材放入锅中焖制。

（2）可以加水焖、加酒焖或加油焖。常见的水焖菜肴有黄焖鸡（图 3-39）、豆角焖豆腐，酒焖菜肴有花雕鸡（图 3-40）、酒焖鸭，油焖菜肴有油焖笋（图 3-41）、油焖虾。

图 3-39　黄焖鸡

图 3-40　花雕鸡

图 3-41　油焖笋

视野拓展

“水油焖”蔬菜更适合老幼

很多茎叶硬的蔬菜炒熟后仍不易咀嚼，不适合牙口不好的老年人和儿童。因此，家中有老年人和儿童时，宜用“水油焖”的技法烹制蔬菜。“水油焖”是指直接用水和少量油焖煮食材，烹制的菜肴口感软烂。适合“水油焖”的食材可以是绿叶菜，也可以是菜花、冬瓜、白萝卜等。

蔬菜“水油焖”更适合老年人

“水油焖”的具体操作步骤如下：先在锅中放一小碗水煮沸，加一勺香油、肉汤、鸡汤或骨汤，如需增加鲜味，可以再加一些蘑菇、虾皮、海米等，然后放入蔬菜，待食材焖煮到适当柔软度后即可出锅。具体焖煮时间应根据食材特性进行调整，例如，冬瓜所需的焖煮时间较长，绿叶菜所需的焖煮时间较短。

“水油焖”的好处有以下几点：① 烹制温度不高，不会产生致癌物；② 菜肴含油量少，口感清淡，颜色明亮，可以激发食欲；③ 焖煮时可以放入各种食材，从而实现膳食多样化；④ 食用者一般会连汤带菜一起吃，既可以摄入膳食纤维，又可以摄入溶进汤里的钾、镁、维生素、黄酮类化合物等营养成分。

资料来源：中国妇女报

（3）收汁是指将汤汁熬浓。收汁的具体方法包括勾芡收汁、糖收汁和自然收汁。焖制蔬菜和普通肉类时，一般采用勾芡收汁或糖收汁的方法；焖制富含胶原蛋白的食材（如猪蹄）时，一般采用自然收汁的方法。

小贴士

糖收汁是指利用糖可以增加溶液浓度的原理使汤汁变得浓稠。此外，糖收汁还可以提高菜肴的鲜甜度，如糖醋里脊、红烧肉都是采用糖收汁的方法焖制而成的。需要注意的是，为糖尿病患者烹制菜肴时不宜采用糖收汁的方法。

五、烤制菜肴

烤是指将已加工食材放入烘烤设备中，用辐射热能加热成熟的技法。按烘烤设备划分，烤可分为明炉烤和暗炉烤，具体如下：

（1）明炉烤是用敞口的炭炉、电炉等烘烤设备（图 3-42）加热食材，烤制菜肴的一般步骤如图 3-43 所示。明炉烤火力较分散，所需时间较长，适合烤制小而薄的食材，如肉片。

炭炉

电炉

图 3-42　明炉烤所用的烘烤设备

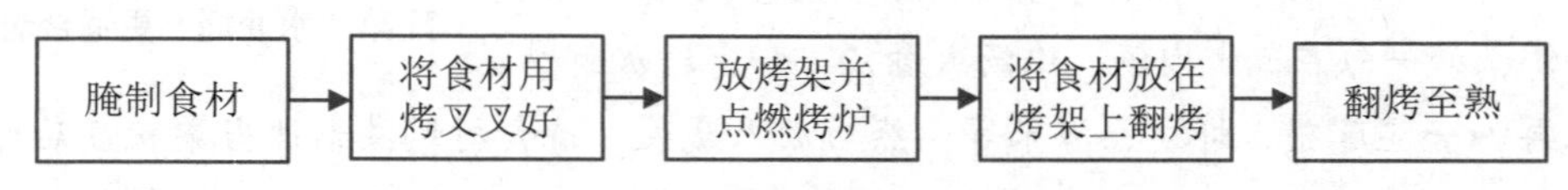

图 3-43　明炉烤的一般步骤

（2）暗炉烤是用封闭式烘烤设备（图 3-44）加热食材。现代家庭常用的封闭式烘烤设备是烤箱，用烤箱烤制菜肴的一般步骤如图 3-45 所示。暗炉烤所需时间较短，适合烤制大而厚的食材，如全鸡、甘薯。

烤箱　　　　吊炉

图 3-44　封闭式烘烤设备

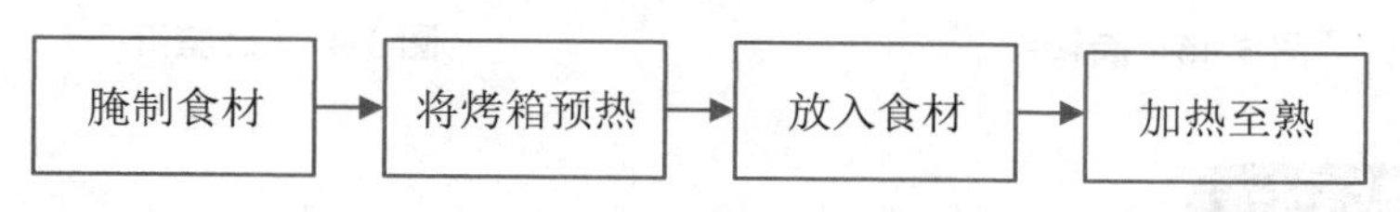

图 3-45　用烤箱烤制菜肴的一般步骤

烤制菜肴时需要注意以下几点：① 烤前可在食材表面刷一层油或饴糖，以免食材变干、变硬；② 可以根据家庭成员的口味在烤制中途或最后进行调味；③ 明炉烤的火力较分散，烤制时需要把控好火候，以免食材受热不均或未烤熟；④ 使用烤箱烤制时应根据食材特性设置好烤箱温度和烤制时间，烤箱温度过高或过低、烤制时间过长或过短，都会影响菜肴的品质。

扫一扫

制作香辣烤小黄鱼

课堂互动

你用烤箱烤过鸡翅、鱿鱼、甘薯、茄子、豆腐或其他食材吗？有哪些经验或教训？

六、制作凉菜

凉菜是指食用前无须加热的菜肴。

（一）凉菜的制作方法

凉菜的制作方法有多种，包括生拌、焯拌、卤、腌、酱、冻、熏、腊、挂霜等。下面介绍几种现代家庭常用的方法：

（1）生拌。生拌是指直接将清洗、切配好的食材与调味品搅拌均匀的方法。生拌时宜选择新鲜的蔬菜、水果和可即食肉类。常见菜肴有蔬菜沙拉、生拌虾。

（2）焯拌。焯拌是指将清洗、切配好的食材放入沸水中稍煮后取出，然后加调味品搅拌均匀的方法。常见菜肴有焯蛤蜊、焯生菜。

（3）卤。卤是指先用水和盐、酱油、香料等调味品煮制卤汤，然后放入食材，煮熟后将其捞出，最后切块装盘的方法。切好食材后，可以加或不加调味品。常见菜肴有卤鸭脖（图 3-46）、卤猪肝（图 3-47）。

图 3-46　卤鸭脖

图 3-47　卤猪肝

小贴士

将凉菜切好后如不加调味品，通常需要单独调制一份蘸料，以适应不同人的口味。

（4）冻。冻是指先将清洗、切配好的富含胶原蛋白的肉类腌制好，然后上屉蒸熟并调味，最后放入冰箱内使之结冻的方法。常见菜肴有水晶肘子、猪皮冻（图 3-48）。

（5）挂霜。挂霜是指先将食材过油炸熟，然后放入糖浆中搅拌，直至其冷却的方法。常见菜肴有挂霜丸子、挂霜花生（图 3-49）。

图 3-48　猪皮冻

图 3-49　挂霜花生

制作凉菜时需要注意以下几点：① 将生食和熟食分开加工；② 凉菜放置太久容易滋生细菌，因此不宜一次制作太多；③ 如不立即吃，宜将凉菜用保鲜膜封好并放入冰箱冷藏。

（二）凉菜拼盘

凉菜拼盘是指在同一餐盘内用两种及以上的凉菜拼摆而成的菜。制作凉菜拼盘时，尤其要讲究刀工和摆放方法。

凉菜的摆放方法有排、堆、叠、围、摆、覆等，下面介绍几种常用的摆放方法：① 排，是指将各种凉菜按顺序排列成长方形、锯齿形或椭圆形。② 堆，是指将各种凉菜堆放在餐盘中，如堆成宝塔状（图 3-50）。③ 围，是指将各种凉菜排列成环形，从外向内一层层围绕。

其中，主料在外、辅料在内的是排围（图 3-51），主料在内、辅料在外的是围边（图 3-52）。

④ 覆，是指先将熟料排列在碗中或刀面上，然后翻扣在餐盘中或垫底的食材上。

图 3-50　堆成宝塔状

图 3-51　排围

图 3-52　围边

素质之窗

凉菜文化

凉菜的历史源远流长，最早可追溯到周代。《周礼・天官・膳夫》中记载有“珍用八物”，其中的“渍”即为早期的凉菜。《论语・乡党》中记载有“沽酒市脯不食”，其中的“市脯”是一种肉干类的凉菜。唐代烧尾宴中的“五生盘”是一道以五种动物肉为原料烹制出的花色冷盘。宋代《东京梦华录》中记载的“水晶脍”是当时有名的冬季佐酒凉菜。

凉菜是宴席上最先上的菜肴，故有“见面菜”或“迎宾菜”之称。凉菜的品质直接影响到食用者对宴席的印象。

资料来源：东南早报

任务实施

菜肴烹制训练

【任务描述】

家政服务员 A 需要烹制生炒时蔬、清蒸鲈鱼、猪肉炖粉条、豆角焖茄子、烤鸡翅、凉拌三丝。请选择其中一道菜肴，用合适的工具和技法烹制。

【实施流程】

（1）学生自由分组，每组 2 人或 3 人。

（2）每个小组选择一道菜肴，并准备所需食材和工具。

（3）小组成员分工完成所选菜肴的烹制过程。

（4）主讲教师对各小组进行点评。

任务五　主食烹制

任务导入

烹制菜肴时，阿秀询问王太太想吃什么主食，王太太说：“我先生和小明想吃米饭，我想吃汤面。”阿秀回复道：“好的，那我就煮点米饭，再单独给您煮碗面条。”说罢，阿秀便开始用电饭锅煮米饭。待菜肴烹制完成后，阿秀将面条放入沸水中煮熟，然后按照王太太的口味烹制汤汁，最后放入熟面条。至此，阿秀完成了所有菜肴和主食的烹制。

思考：

（1）如何煮米饭？

（2）烹制汤面的步骤是怎样的？

主食可以有效补充人体所需的碳水化合物，是一日三餐中必不可少的。可用于烹制主食的食材有大米、小麦、玉米等谷物，马铃薯、甘薯、山药等薯类，绿豆、红豆等豆类。目前，现代家庭膳食中最主要的主食是用大米烹制的米饭和用小麦烹制的面食。

一、米饭

烹制米饭的方法主要是蒸和煮。蒸米饭是指将淘洗好的大米放入笼屉或蒸锅中，隔水蒸熟；煮米饭是指将淘洗好的大米放入锅中，加水煮熟。蒸的米饭含水量少，口感稍硬，但营养流失少；煮的米饭口感软糯，但营养流失多。

烹制米饭时需要注意以下几点：

（1）加水量适当。蒸米饭时，水面宜与笼屉底部有一定距离；煮米饭时，水量过多会将米饭煮成粥，过少则会导致米饭焦煳。

小贴士

现代家庭煮米饭时一般使用电饭锅。家政服务员可以用配套量杯（图 3-53）量取大米，根据电饭锅内的刻度线（图 3-54）确定加水量。

图 3-53　量杯

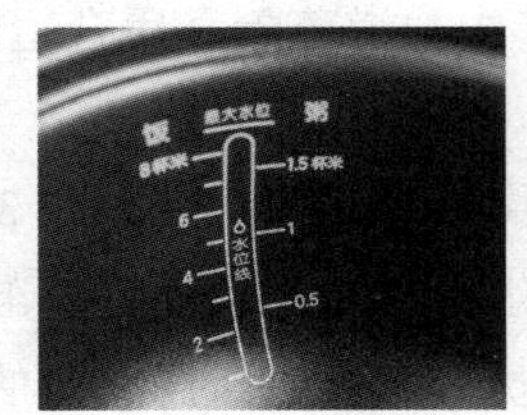

图 3-54　电饭锅内的刻度线

（2）烹制时需要加盖锅盖，中途不宜打开，以免蒸汽散出。

（3）生冷的自来水含有大量氯气，会破坏大米中所含的维生素 B_1。因此，煮米饭时宜加入纯净水、矿泉水或烧开的自来水。

（4）煮米饭时，待米饭煮熟后焖几分钟再揭盖，可以使米饭更加香甜。

二、面食

面食是指以面粉为主要原料的主食。常见面食包括馒头、包子、馄饨、饺子、饼、面条、面包等。下面主要介绍如何烹制包子、面条、饼和面包。

（一）包子

烹制包子的一般步骤如图 3-55 所示。

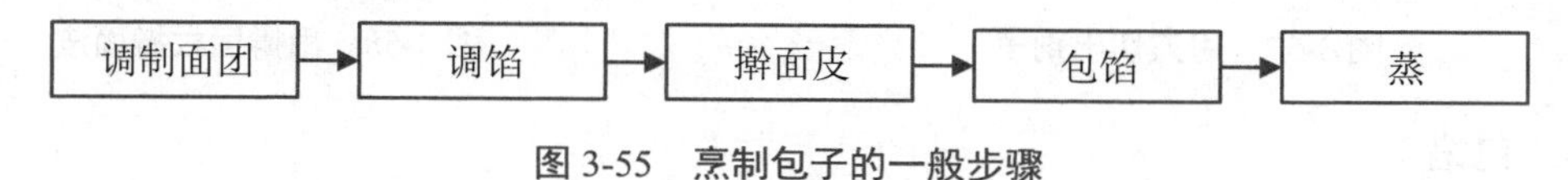

图 3-55　烹制包子的一般步骤

1．调制面团

调制面团的一般步骤如下：

（1）在盆中倒入面粉和用温水溶解的酵母，然后一边加清水，一边搅拌均匀。操作时需要注意加水量适中，为了使面团更快地发酵，在秋冬季宜加温水。

（2）和面，用掌根顺着一个方向不断挤压面团，将面团揉匀。操作时需要注意以下几点：① 如面粉无法成团，可以适当加水，如面团较粘手，可以在表面再撒一些面粉；② 揉好的面团应表面光滑，如图 3-56 所示。

图 3-56　揉好的面团

（3）将和好的面团用保鲜膜盖住，放在温暖处发酵至两倍大。

2．调馅

按口味划分，馅料可分为甜馅和咸馅。咸馅可分为素馅和荤馅，其中，素馅是指用蔬菜、豆类、蛋类及其制品等食材制成的馅料，荤馅是指以畜禽肉、水产品及其制品为主要原料制成的馅料。调制甜馅和咸馅的步骤有所不同，具体如下：

（1）调制甜馅。以豆沙馅为例，先将红豆煮至裂开后捞出，然后用搅拌机将红豆搅成泥沙状，最后将其放入锅中，倒入白糖和油，用中小火加热，并不断搅拌。

（2）调制咸馅。以荠菜猪肉馅为例，先将荠菜焯水后剁碎，将猪肉搅碎或剁碎，然后用料酒、芝麻油、盐等调味品腌制猪肉，最后放入荠菜和盐，顺着同一方向搅拌均匀。

3．擀面皮

擀面皮的一般步骤如下：

（1）将发酵好的面团揉成长条状。操作时应注意用力均匀，使揉好的面粗细一致。

（2）用手揪出或用刀切出大小一致的剂子，如图 3-57 所示。

（3）用手掌或擀面杖将剂子擀成圆形的面皮，如图 3-58 所示。面皮应大小适中，中间厚，边缘薄。

图 3-57　用刀切出剂子

图 3-58　用擀面杖擀面皮

4．包馅

包馅的一般步骤如下：先将面皮摊在手掌心，用勺子取适量馅料放于面皮中心，然后用手捏住面皮边缘，顺着同一个方向捏褶（见图 3-59），最后捏合。包馅时需要注意以下几点：① 馅料不宜过多，以免外漏；② 尽量保证捏出的褶大小一致，以使做出的包子外形更美观。

图 3-59　捏褶

5．蒸

将包好的包子放入蒸屉中，用中旺火蒸 10～20 分钟即可出锅。通常情况下，小笼包蒸 10 分钟即熟，大一点的包子烹制时间稍长。

（二）面条

现代家庭经常食用的生面条包括市场售卖的鲜面条和自己做的手擀面条。鲜面条有挂面、杂粮面、碱水面、乌冬面、方便面等。手擀面条是指将醒发好的面团用擀、抻（chēn）、切、搓、削、揪、压、拨、捻、剔、拉等方法制作成的面条。

烹制好的面条主要有汤面、拌面和炒面，其烹制步骤有所不同，具体如下：① 烹制

汤面时，先将面条放入沸水中煮熟，然后烹制汤汁，最后将面条放入汤汁中，撒上葱花或榨菜碎；② 烹制拌面时，先将面条煮熟，然后加入酱料等调味品和菜码儿，搅拌均匀；③ 烹制炒面时，先将面条煮熟，然后放入锅中翻炒、调味。

将面条煮熟捞出后过一下凉水，可以使面条更筋道。

一碗面条传承中华文化

面条是中华民族的传统美食，深受各族人民的喜爱。不同地区的面条有不同的风味，体现出各地的风土习俗。

在我国，吃面条常常与美好祝福相关，其中的吉祥寓意体现在各种场合：给老年人办生日宴吃面条，意味着祝愿其健康长寿；给婴幼儿办满月宴吃面条，意味着祝福其健康成长……

如今，人们依然保留着吃面条意味着祝福亲友的传统，与此同时，又出现了具有时代特色的新民俗。例如，不少民众会在国庆节当天吃面条，以表达对祖国母亲的美好祝愿。

资料来源：北京晚报

（三）饼

饼的做法多样，主要有煎、烙、蒸、烤等。下面主要介绍如何煎饼和烙饼。

1. 煎饼

煎饼是将面糊摊在油锅上煎熟，一般步骤如图 3-60 所示。煎饼时需要注意以下几点：① 面糊一般由面粉、水和调味品调制而成，也可以加入一些切碎的肉类和蔬菜；② 煎饼时油量不宜过多；③ 应将调制好的面糊分次倒入，每次倒入量可平铺锅面即可，这样面糊更易成熟，且口感酥脆。

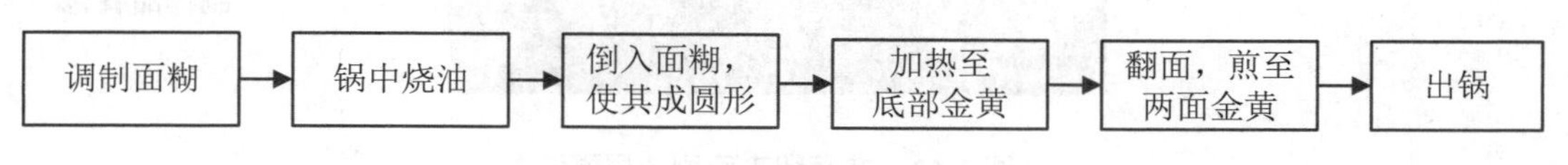

图 3-60　煎饼的一般步骤

2. 烙饼

烙饼是将面饼放在烧热的锅中加热，一般步骤如图 3-61 所示。烙饼时需要注意以下几点：① 为了避免面饼焦煳，烙饼前可以在面饼表面或锅中刷一层油；② 烙饼时宜用中小火，不宜用旺火，以免面饼外熟内生。

图 3-61　烙饼的一般步骤

请讨论煎饼和烙饼的区别。

（四）面包

面包是指以面粉、酵母、水、鸡蛋、白糖等为原料，经发酵、烘烤而成的面食。烤面包的一般步骤如图 3-62 所示。

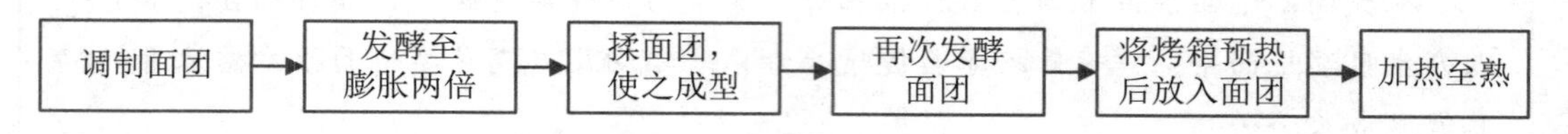

图 3-62　烤面包的一般步骤

烤面包时需要注意以下几点：① 调制面团时应尽量将所有原料调匀；② 揉面团时要揉透，尽可能排出气泡，以使做出的面包更加蓬松；③ 面团发酵时间较长，第一次发酵一般需要 1～2 小时，第二次发酵需要 30～40 分钟；④ 将面团放入烤箱前，可以在面团表面刷一层蛋液（图 3-63），以使烤制出的面包更有光泽，且不易烤煳。

制作甜餐包

图 3-63　在面团表面刷一层蛋液

主食烹制训练

【任务描述】

家政服务员 A 需要准备鲜肉包、长寿面、鸡蛋煎饼、小面包四种主食。请选择其中一种主食，用合适的工具和方法烹制。

【实施流程】

（1）学生自由分组，每组 2～3 人。

（2）小组成员根据任务描述选择一种主食，并准备所需食材和工具。

（3）小组成员分工完成所选主食的烹制过程。

（4）主讲教师对各小组进行点评。

学习成果自测

1．填空题

（1）营养素包括__________、__________、__________、矿物质、维生素五大类。

（2）根据中国居民平衡膳食餐盘（2022），每餐膳食应包含__________、__________、__________、谷薯类和牛奶等食物。

（3）家政服务员在选购畜禽肉及其制品时，可以采用________、________、________等方法判断其品质。

（4）泡发干制品的常用方法有________、________、________、________、火发。

（5）淀粉浆液包括__________、__________、__________、__________。

（6）按烘烤设备划分，烤可分为__________和__________。

（7）烹制包子的一般步骤包括______________、______________、______________、______________、蒸。

2．单项选择题

（1）一个成年人每天应摄入奶及奶制品（　　）克。

A．250～350　　B．120～220

C．25～35　　D．300～500

（2）家庭成员的（　　）不是家政服务员制订营养配餐方案时需要考虑的方面。

A．膳食习惯　　B．健康状况

C．年龄　　D．吃饭时间

（3）以下选项中，（　　）不是有毒食材。

A．发霉的花生　　B．炒熟的四季豆

C．毒蘑菇　　D．病死猪的肉

（4）（　　）的蔬菜，不宜购买。

A．散发清香　　B．畸形　　C．颜色正常　　D．有光泽

（5）以下关于切菜的说法中，错误的是（　　）。

A．已切好食材的形状应整齐美观　　B．按食材纹理切

C．做炖菜时，宜将食材切成滚刀块状　　D．用同一个菜板切蔬菜和肉类

（6）（　　）用鸡蛋、淀粉或面粉加水调制而成。

A．水粉糊　　B．蛋清糊

C．全蛋糊　　D．拍粉拖蛋糊

（7）在熟炒过程中，需要将食材加热（　　）次。

A．一　　B．两　　C．三　　D．四

（8）以下关于蒸制菜肴的说法中，错误的是（　　）。

A．对食材进行调味后再蒸　　B．会导致大量营养流失

C．需要把控好火候　　D．将不易熟的食材放在上层

（9）焖制富含胶原蛋白的食材时，一般采用（　　）的方法。

A．加水收汁　　B．勾芡收汁

C．糖收汁　　D．自然收汁

（10）煮米饭时不宜加入（　　）。

A．矿泉水　　B．纯净水

C．生冷的自来水　　D．烧开的自来水

（11）烤面包时需要注意（　　）。

A．调制面团时需将原料调匀　　B．揉面团时使面团成型即可

C．面团发酵半小时即可　　D．烤前不能在面团表面刷蛋液

3．简答题

（1）简述食材选购的原则。

（2）简述选购新鲜猪肉的方法。

（3）简述清洗虾类的一般步骤。

（4）简述生炒菜肴和滑炒菜肴的注意事项。

（5）简述焖制菜肴的注意事项。

（6）简述常用的凉菜拼盘摆放方法。

（7）简述烹制汤面和拌面的一般步骤。

学习成果评价

请进行学习成果评价，并将评价结果填入表 3-5 中。

表 3-5　学习成果评价表

班级：＿＿＿＿＿＿　　姓名：＿＿＿＿＿＿　　学号：＿＿＿＿＿＿

评价项目	评价内容	分值	评分	
			自我评分	教师评分
知识（40%）	人体必需的营养成分和营养配餐原则	6		
	食材选购的原则和不同食材的选购方法	7		
	食材加工的方式	7		
	烹制菜肴的常用技法	10		
	烹制常见主食的方法	10		
技能（40%）	能够进行营养配餐	6		
	能够合理选购食材	7		
	能够合理加工食材	7		
	能够用不同技法烹制菜肴	10		
	能够烹制常见的主食	10		
素养（20%）	听从教师指挥，遵守课堂纪律	5		
	培养团队精神，提高团队凝聚力	5		
	增强服务意识，提高服务能力	5		
	守正创新，自信自强	5		
合计		100		
总分（自我评分×40%+教师评分×60%）				
自我评价				
教师评价				

项目四 现代家居卫生管理

项目引言

脏乱的家居环境容易滋生病原微生物，不利于家庭成员的身体健康。因此，家政服务员需要做好日常家居保洁工作，掌握科学的消毒方法，妥善整理与收纳各种家居物品，竭力为每个家庭创造干净、舒适的家居环境。本项目主要介绍家居保洁、家居消毒、家居整理与收纳的相关知识。

知识目标

☞ 了解家居保洁用品。
☞ 掌握各区域的保洁方法和质量要求。
☞ 熟悉家居消毒的方法和注意事项。
☞ 理解整理与收纳的原则。
☞ 掌握整理与收纳衣物、食物和杂物等家居物品的方法。

素质目标

☞ 学习“‘最美家政人’——保洁员罗冬霞”案例，培养吃苦耐劳的品质，弘扬敬业精神，用勤奋和诚信铸就美好未来。
☞ 学习“保洁操作要求”，增强规范意识，努力在学习和生活中养成良好的行为习惯。
☞ 学习家居保洁、家居消毒、家居整理与收纳的方法，提高科学素养，在学习和实践中推广科学方法，弘扬科学思想。

任务一　家居保洁

任务导入

阿秀每个月会对王太太家进行一次大扫除。通常情况下，她会先将客厅、卧室和厨房打扫干净，然后打扫卫生间。一天，阿秀正准备对吸油烟机进行保洁，发现油污清洁剂已用完，她便尝试用湿抹布蘸洗洁精擦洗。但是油渍较厚，阿秀花了很长时间才将吸油烟机清洗干净。

思考：

（1）擦洗类工具有哪些？

（2）保洁过程中需要用到哪些清洁剂？

（3）如何对吸油烟机进行保洁？

一、家居保洁用品

（一）常用保洁工具

按使用方法划分，现代家庭常用的保洁工具可分为擦洗类、刷洗类、刮洗类、拖扫类，如表 4-1 所示。

表 4-1　现代家庭常用的保洁工具

类型	常用工具	特性	适用性
擦洗类	抹布、海绵擦、毛掸	质地柔软，吸水性强	去除玻璃窗、餐桌、电视屏幕、瓷砖等物品表面的灰尘和液体污渍
刷洗类	杯刷、钢丝球、地板刷	质地偏硬，可能会损伤物品表面	去除茶渍、油渍等
刮洗类	刮水器（图 4-1）	头部用硅胶或橡胶制成，一般不会损伤物品表面	刮除液体污渍
	刮刀（图 4-2）	头部常用钢片制成，质地坚硬，较锋利	刮除玻璃胶、水泥渍、胶水、涂料等顽固污渍
拖扫类	拖把	头部多用布条、线绳或海绵制成，质地柔软，吸水性强	清除地面灰尘和污渍
	笤帚	一般分为硬毛笤帚和软毛笤帚	清除地面灰尘和垃圾

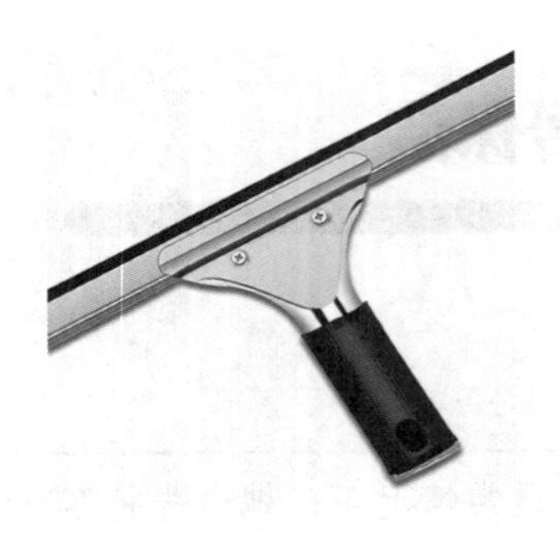

图 4-1　刮水器

图 4-2　刮刀

（二）保洁用电器

现代家庭常用的保洁用电器有吸尘器、扫地机器人、洗碗机、打蜡机等。下面主要介绍吸尘器。

吸尘器是一种利用电动抽气机将垃圾吸入集尘袋内，从而达到吸尘目的的保洁用电器，一般用于清除灰尘和其他细小的垃圾。按外形划分，吸尘器可分为立式吸尘器、卧式吸尘器和手持式吸尘器，如图 4-3 所示。其中，手持式吸尘器较轻便，适合清扫沙发、床铺等。

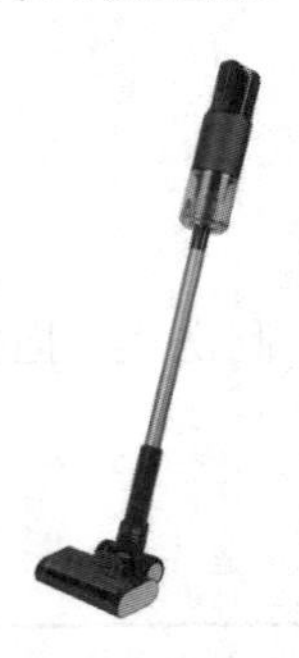

立式吸尘器

卧式吸尘器

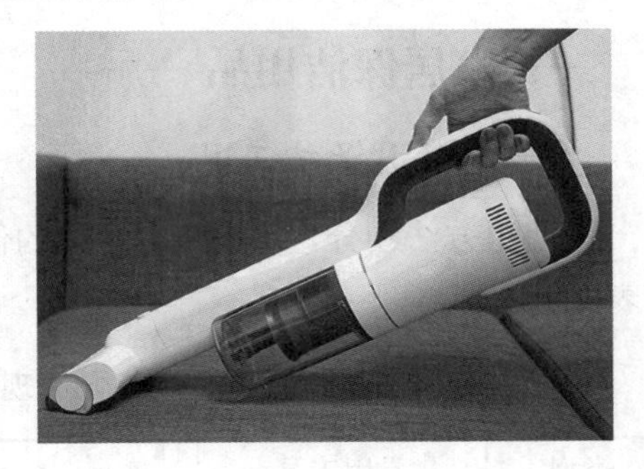

手持式吸尘器

图 4-3　吸尘器

（三）清洁剂

为了有效去除污渍，家政服务员在家居保洁过程中需要用到各种清洁剂。表 4-2 列出了一些常用清洁剂。

表 4-2　常用清洁剂

类型	作用	适用性
地板清洁剂	清洁力强，可以使物品表面变得光亮	去除各种光滑的硬质物品（尤其是地板）表面的污渍
玻璃清洁剂	具有亲水性和亲油性，清洁力、杀菌力、防雾性较强	去除各种光滑物品（尤其是玻璃）表面的污渍
皮革清洁剂	在去污的同时保养皮革，使皮革柔软、光亮	去除皮革类物品表面的污渍

续表

类型	作用	适用性
油污清洁剂	乳化油渍，去污力强	去除厨房台面、灶具、吸油烟机、玻璃、瓷砖等物品表面的油渍
餐具清洁剂	以温和的表面活性剂为原料，可以去除油渍，无腐蚀性，易冲洗	清洗餐具、厨具
卫生洁具清洁剂	呈酸性，可去除碱性污渍、杀菌除臭	去除石灰渍、水泥渍、水垢、尿渍、金属渍等
洗衣液、肥皂等洗涤剂	呈碱性，可去除灰尘、油渍等，易冲洗	去除餐桌、沙发等物品表面的污渍

（四）辅助工具

在家居保洁过程中，家政服务员常常需要使用一些辅助工具，包括橡胶手套、口罩、鞋套、围裙、水桶、喷壶、梯子等。保洁时使用辅助工具，既可以减少对家居环境的污染，又可以保障家政服务员的人身安全。

家政服务员 A 需要清洗表面有油渍和油漆的玻璃窗，请问：她可以使用哪些保洁工具、清洁剂和辅助工具？

二、客厅保洁

客厅保洁主要包括地板保洁、墙面保洁、窗户保洁、沙发保洁、地毯和挂毯保洁、灯具保洁等。

（一）地板保洁

1．保洁方法

地板保洁的一般步骤如图 4-4 所示。

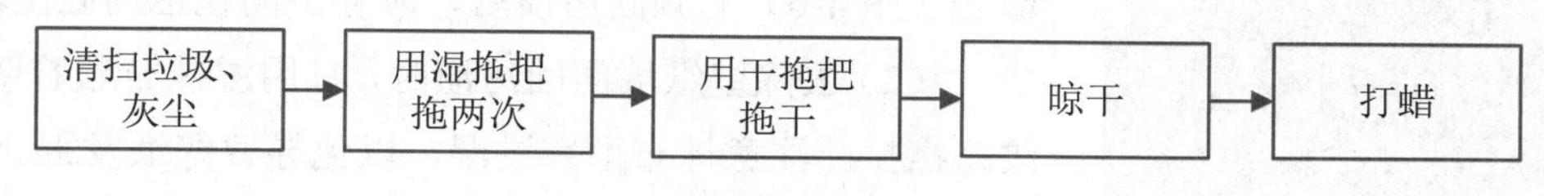

图 4-4　地板保洁的一般步骤

保洁时需要注意以下几点：

（1）拖地前需要用笤帚或吸尘器清除地板上的明显灰尘和垃圾，以防拖地时刮坏地板。需要注意的是，吸尘器一般不宜用于清扫泥浆、燃烧的烟蒂或金属碎片等。

（2）如果地板上有较顽固的污渍，可以先用湿抹布蘸清洁剂进行局部擦洗。

擦洗实木地板、大理石地板、瓷砖地板时，需要使用中性清洁剂，以免清洁剂腐蚀地板。擦洗完成后，需要用湿抹布清除残留的清洁剂。

（3）拖地时可以按“S”形左右拖动，一边拖一边后退。

（4）用湿拖把拖完地后应立即用洁净、干燥的拖把将水印拖干，然后开窗通风，晾干地板，以防地板发霉，同时避免灰尘附着在地板上形成顽固污渍。

（5）可以定期将地板打蜡，以增加地板的光泽度，延长其使用寿命。

打蜡后的地板一般较光滑，容易使人跌倒。如家中有老年人，则不建议将地板打蜡。

2．保洁的质量要求

地板整体光洁，无垃圾、污渍、水印。打蜡均匀，薄厚适当，无抹痕、黄斑。

（二）墙面保洁

1．保洁方法

墙面保洁的一般步骤如图 4-5 所示。

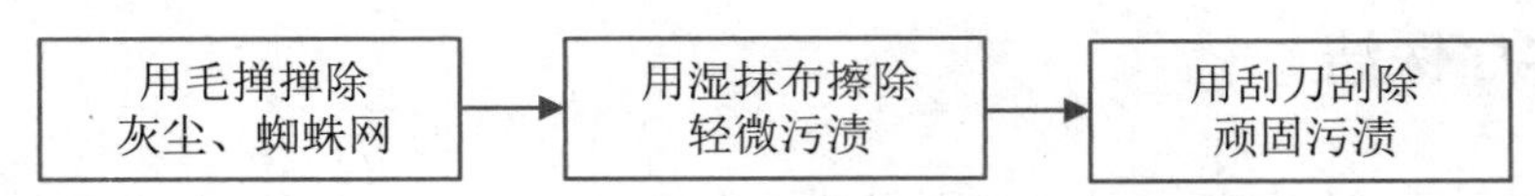

图 4-5　墙面保洁的一般步骤

图 4-6　硅藻泥墙面

保洁时需要注意以下几点：

（1）去除污渍时不宜用力过大，以免损坏墙面。如已损坏墙面，应视情况进行修补。例如，用刮刀刮除硅藻泥墙面（图 4-6）的顽固污渍后，应补上同花色的硅藻泥。

（2）去除壁纸墙面的污渍时，宜用湿抹布顺着壁纸的纹路擦拭。注意抹布不宜过湿，以免导致壁纸发霉。

（3）如墙面凹凸不平，应注意仔细擦拭，不要遗漏。

2．保洁的质量要求

墙面整体光洁，无灰尘、污渍；无破损情况，图案、颜色等与保洁前基本无异。

（三）窗户保洁

1．保洁方法

窗户包括玻璃窗和纱窗。清洗纱窗时一般应将其拆下来，用清水和清洁剂刷洗干净，晾干后安装。玻璃窗一般不易拆卸，保洁的一般步骤如图 4-7 所示。

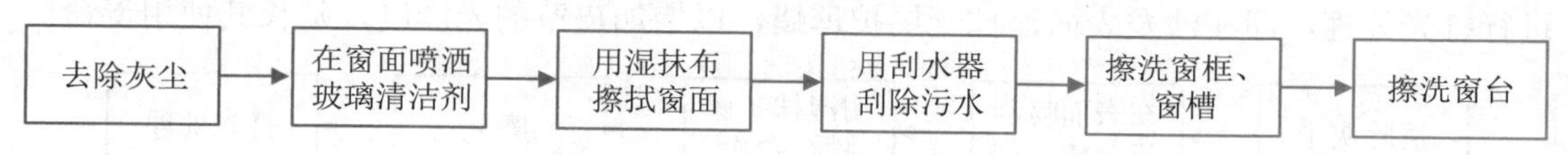

图 4-7　玻璃窗保洁的一般步骤

保洁时需要注意以下几点：

（1）窗面的灰尘宜用毛掸清除，窗槽处的灰尘宜用细毛刷清除（图 4-8）。

图 4-8　用细毛刷清除窗槽处的灰尘

（2）如窗户上有玻璃胶、油漆等顽固污渍，可以用刮刀刮除。

（3）擦拭窗面时应自上而下进行。

（4）对高楼层窗户的外侧进行保洁时，宜使用双面擦玻璃器（图 4-9），以免摔伤。

图 4-9　双面擦玻璃器

2．保洁的质量要求

窗面、窗框、窗槽和窗台无灰尘、污渍、水印，玻璃窗面可以清晰地映出人影。

（四）沙发保洁

1．保洁方法

不同材质沙发的保洁方法有所不同。下面主要介绍皮革沙发、布艺沙发和木质沙发的保洁方法。

（1）皮革沙发日常用湿抹布擦拭即可，同时每1～2个月进行一次深度保洁，一般步骤如图4-10所示。保洁时需要注意以下几点：① 用毛掸掸除沙发表面的灰尘，用吸尘器吸除缝隙处的灰尘；② 不宜用自来水擦拭真皮沙发，以免皮革变硬；③ 定期对皮革沙发进行打光处理，即在沙发表面涂抹一层护理蜡，以增加皮革的光泽度，延长其使用寿命。

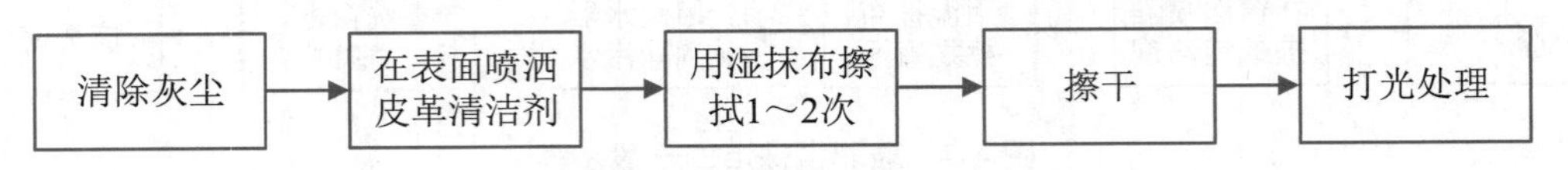

图4-10　皮革沙发深度保洁的一般步骤

香蕉皮含有油脂和鞣（róu）质，用其擦拭皮革沙发表面，可以起到去污、增加光泽度的作用。

（2）布艺沙发保洁的一般步骤如图4-11所示。保洁时需要注意以下几点：① 去除污渍时，需要根据沙发面料选择合适的洗涤剂；② 如沙发表面包覆的面料可拆卸，应将其拆下来单独洗涤，以免损坏沙发内里的填充物；③ 清洗完成后应及时吹干，以免沙发发霉。

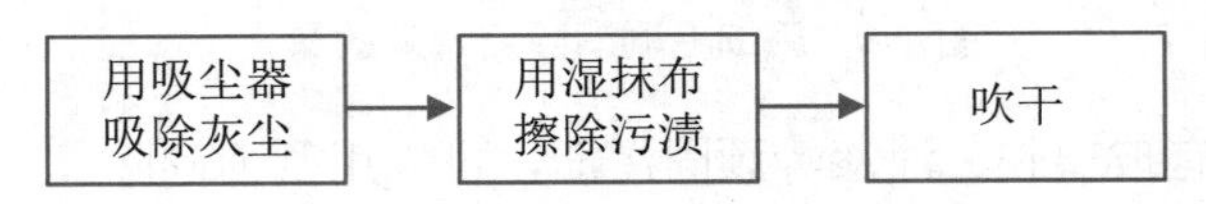

图4-11　布艺沙发保洁的一般步骤

（3）木质沙发保洁的一般步骤如图4-12所示。保洁时需要注意以下几点：① 如沙发表面有明显污渍，可以用湿抹布蘸取适量家具清洁剂擦拭；② 清洗完成后应及时擦干，以免沙发受潮。

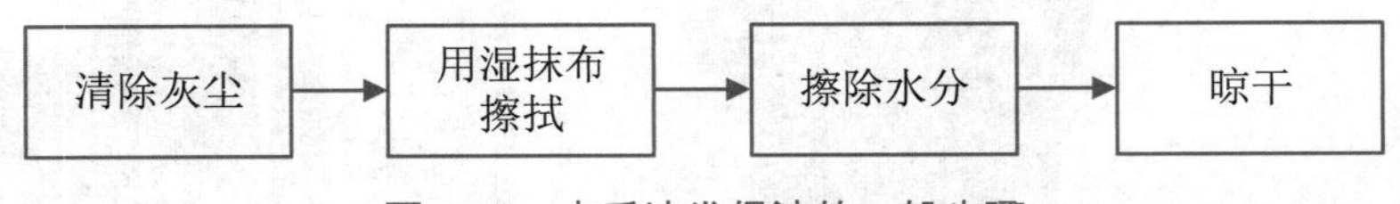

图4-12　木质沙发保洁的一般步骤

2．保洁的质量要求

沙发无皮面或漆面剥落，无灰尘、明显污渍和水印，皮革沙发和木质沙发表面有光泽。

（五）地毯和挂毯保洁

1．保洁方法

地毯和挂毯都属于室内装饰性织物，如图4-13和图4-14所示。地毯和挂毯易沾染灰尘，需要每天用吸尘器吸除灰尘，如沾染了墨汁、酱油等，需要立即进行去渍处理，并及时吹干。

图 4-13　地毯

图 4-14　挂毯

保洁时需要注意以下几点：

（1）及时清除地毯正面和反面的灰尘和杂质。

（2）根据地毯和挂毯所用面料的特性进行保洁。例如，羊毛类地毯和挂毯宜干洗，化纤类、塑料类地毯和挂毯可水洗。

清洗棉麻类挂毯时，需要注意哪些事项？

2．保洁的质量要求

地毯和挂毯无破损情况，正反面无灰尘、污渍，未变形、褪色。

（六）灯具保洁

1．保洁方法

灯具保洁的一般步骤如图 4-15 所示。

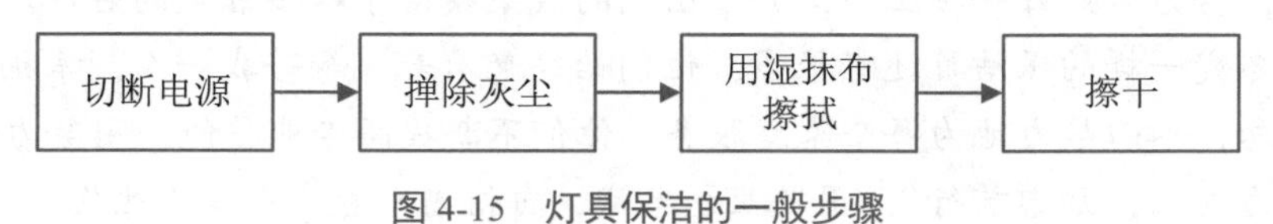

图 4-15　灯具保洁的一般步骤

保洁时需要注意以下几点：

（1）根据灯具材质选择合适的保洁方法。例如，纸质灯不宜喷洒清洁剂；水晶串灯（图 4-16）宜在喷洒中性清洁剂后擦拭；树脂灯（图 4-17）易产生静电，擦干后需要喷洒防静电喷雾。

（2）清除缝隙处的灰尘时，可以使用棉签等工具。

（3）尽量顺着同一方向擦拭，不宜用力过大，以免损坏灯具。

（4）视情况将灯罩拆卸后，分别擦拭灯罩和灯泡（或灯管），待其晾干后照原样安装好。

图 4-16　水晶串灯

图 4-17　树脂灯

2．保洁的质量要求

灯具无灰尘、水印；灯具完好，无划痕和裂痕，通电后可正常使用。

素质之窗

“最美家政人”——保洁员罗冬霞

罗冬霞来自甘肃省临夏州，于 2008 年参加家政服务就业技能培训，系统地学习了家政服务技巧，并于 2021 年正式成为一名保洁员，她的日常工作就是帮雇主保洁地板、墙面、门窗等。罗冬霞凭借认真负责的工作态度和高超的专业技能，被评为甘肃省 2021 年度“最美家政人”。

保洁工作讲究细致、全面。在保洁过程中，罗冬霞需要仔细擦拭地板、墙面、门窗、沙发、地毯等每件家居物品，确保其干净、无污渍。一般情况下，光拖地可能就要花费四五十分钟，包括清除地板上的灰尘和污渍、用湿拖把拖地、将地板拖干、将拖把清洗干净等多个步骤。由此可见，保洁工作很烦琐且耗时、耗力。但是，罗冬霞从未懈怠，努力做好每一项工作，并以出色的成果获得了很多雇主的好评。

像罗冬霞一样的保洁员还有很多，他们始终秉承着“辛苦我一人，幸福千万家”的工作信念，尽心尽力地为每个家庭服务。他们不断提高专业技能，用努力、奋斗诠释着“蓄力向上，励志前行”，用敬业、忠诚、自信谱写着“最美人生”。

资料来源：澎湃新闻网

三、卧室保洁

卧室保洁主要包括床铺保洁和衣柜保洁等。

（一）床铺保洁

1．保洁方法

床铺保洁主要包括床垫保洁和床下地面保洁，保洁的一般方法如下：① 用毛掸或吸

尘器清除床垫上的灰尘及附着物；② 用吸尘器清除床下地面的灰尘；③ 如床垫上有污渍，应根据床垫的面料和污渍情况选择合适的洗涤剂进行擦洗，擦洗完成后需要及时吹干，以免床垫受潮。

床铺易滋生螨虫，可以用除螨仪除螨或喷洒除螨喷雾。

2．保洁的质量要求

床垫无灰尘、污渍，床垫完好，无变形、褪色现象；床下地面无灰尘、污渍。

（二）衣柜保洁

1．保洁方法

衣柜保洁包括衣柜表面保洁和衣柜内部保洁，保洁的一般方法如下：

（1）用毛掸或抹布清除衣柜表面的灰尘。如有污渍，可用湿抹布和清洁剂擦除。

（2）定期对衣柜内部进行保洁。保洁时需要先将所有衣物取出，然后用吸尘器或毛刷清除衣柜角落、轨道、柜门开合处积攒的灰尘，用湿抹布擦拭挂钩、横杆等，最后擦干。

（3）如衣柜内部有霉点，应及时用湿抹布和清洁剂擦拭干净，然后立即吹干。

2．保洁的质量要求

衣柜表面和内部光洁，无污渍、水印、霉点。

参考衣柜的保洁方法，请问：如何对玩具储物柜进行保洁？

玩具储物柜的保洁方法

四、厨房保洁

厨房保洁主要包括台面保洁和电器保洁等。

（一）台面保洁

1．保洁方法

台面保洁的一般步骤如图 4-18 所示。

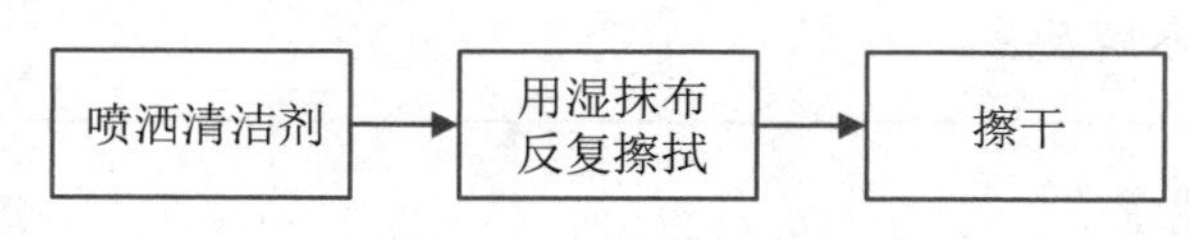

图 4-18　台面保洁的一般步骤

保洁时需要注意以下几点：

（1）用完台面应立即将其擦拭干净，以免形成顽固污渍。

（2）如台面上有顽固污渍，或缝隙处污渍不易擦洗，可以用硬毛刷刷洗。

（3）注意擦拭灶眼边缘、角落等容易藏污纳垢的位置。

2．保洁的质量要求

台面光洁，无灰尘、水印、油渍或其他污渍。

（二）电器保洁

1．保洁方法

现代家庭厨房中的常用电器包括吸油烟机、电冰箱、微波炉、消毒碗柜、烤箱等。下面主要介绍吸油烟机、电冰箱和微波炉的保洁方法。

图 4-19　拆除油盒

（1）吸油烟机保洁包括清洗油网、油盒和叶轮等。保洁的一般方法如下：① 油网每月清洗一次，清洗时在其表面喷洒油污清洁剂，然后用抹布擦拭干净；② 油盒内油渍满一半后应立即清洗，清洗时需要拆除油盒（图 4-19），然后用油污清洁剂洗净；③ 叶轮需要每 3～6 个月清洗一次，清洗时先喷洒油污清洁剂，待油渍充分溶解后再用抹布擦拭干净；④ 清洗时可以在吸油烟机下方铺上吸油纸，以防污染台面。

（2）电冰箱宜每 3～6 个月进行一次断电保洁，包括清洗外侧和内腔。保洁的一般方法如下：① 清洗外侧时，需要先掸除灰尘，然后擦洗干净，最后晾干；② 清洗内腔时，需要先断电，清理出电冰箱内的食物，然后除霜，将搁板、门搁架、抽屉等擦洗干净，最后晾干。

（3）微波炉宜每周进行一次断电保洁，包括清洗外侧和炉腔。保洁的一般方法如下：① 清洗外侧时，可以直接用湿抹布擦洗干净，然后晾干；② 清洗炉腔时，可以将加有洗洁精的碗放入微波炉加热 1 分钟后取出，然后将加有柠檬水的碗放入微波炉加热 3 分钟，加热完成后静置 1～2 分钟取出，最后用湿抹布擦洗干净并晾干。

加热洗洁精可以让其充分蒸发并附着在微波炉炉腔上。柠檬水加热后会释放柠檬酸，促使污渍产生水解反应。

2．保洁的质量要求

电器内外无油渍或其他污渍，也无水印、杂物、划痕。

（三）餐具保洁

1．保洁方法

餐具保洁的一般步骤如图 4-20 所示。

图 4-20　餐具保洁的一般步骤

保洁时需要注意以下几点：

（1）先清洗没有油渍的餐具，再清洗有油渍的餐具；先清洗小件餐具，再清洗大件餐具。

（2）单独清洗婴幼儿和病人的餐具。

（3）将餐具擦干后，可以放进消毒碗柜中消毒。

（4）将餐具分类码放整齐，如将碗和碗放在一起，盘和盘放在一起，如图 4-21 所示。

图 4-21　将餐具分类码放整齐

2．保洁的质量要求

餐具无油渍或其他污渍，也无水印，码放整齐。

五、卫生间保洁

卫生间保洁主要包括便器保洁、洗浴设备保洁和卫生间除味等。

（一）便器保洁

1．保洁方法

现代家庭常用的便器包括坐便器和蹲便器。便器保洁的一般步骤如图 4-22 所示。

图 4-22　便器保洁的一般步骤

保洁时需要注意以下几点：

（1）如便器内污渍较多，喷洒清洁剂后应静置一段时间，以充分溶解污渍。刷洗过程中，可视污渍情况多次喷洒清洁剂。

（2）擦洗水箱、踏板、盖板等时，可使用清洁剂，同时注意将清洁剂清洗干净。

（3）清洗便器所用的厕刷、抹布等不宜用于清洗其他物品，以免产生交叉污染。

（4）保洁时应注意戴好手套，以免清洁剂腐蚀皮肤。

2．保洁的质量要求

便器表面光洁，内部无粪迹、杂物，外部无灰尘、污渍、水印。

（二）洗浴设备保洁

1．保洁方法

现代家庭常用的洗浴设备包括洗手池、浴缸、淋浴喷头、水龙头等。保洁的一般方法如下：

（1）每天清洗洗手池、浴缸。先清理排水口处的杂物，然后用毛刷或抹布将洗手池、浴缸清洗干净，最后擦干。

（2）每月定期清洗一次淋浴喷头。先将喷头放入溶有白醋的清水中浸泡两小时，然后用毛刷刷洗表面的水垢，最后用清水冲洗干净并擦干。

（3）每天用牙膏和湿抹布擦洗水龙头。

2．保洁的质量要求

洗浴设备表面光洁，无杂物、污渍、水印。

（三）卫生间除味

1．保洁方法

卫生间易产生臭味、霉味，危害人体健康。保洁时可以采用以下方法进行卫生间除味：

（1）每天做好卫生间保洁工作，重点清洗便器、排水口等易产生异味的地方。

（2）每天开窗通风，加强空气流通。

（3）将肥皂、干柠檬片、柚子皮或樟木条等放置在卫生间内，以起到去除异味的作用。

2．保洁的质量要求

卫生间空气清新，无异味。

保洁操作要求

（1）先与雇主沟通，遵照雇主的合理要求开展保洁工作。

（2）按照从上到下、从里到外、从边角到中央的顺序进行保洁，具体如下：① 先擦拭位置较高的物品，后擦拭位置较低的物品；② 先擦拭天花板及吊挂的物品，后擦拭墙面和地面；③ 先擦拭台面，后擦拭地面；④ 先擦拭窗户，后擦拭窗面。

（3）对家用电器进行保洁时，需要按照安全用电的基本要求操作，即先切断电源，保持电源插头、插座和手部干燥，以免触电。

（4）对高空物品进行保洁时，应使用可靠的支撑工具，以免发生高空跌落事故。

（5）对厨房和卫生间进行保洁时，需要使用专用清洁剂和工具，擦拭不同物品时宜配备多种颜色的专用抹布，不宜混用，以免出现交叉污染。

资料来源：《家政服务 居家保洁服务规范》（DB41/T 592—2021）

任务实施

家居保洁训练

【任务描述】

雇主 B 每周会请家政服务员 A 进行家居保洁，重点打扫卧室和卫生间。请选择合适的方法对卧室和卫生间进行保洁。

【实施流程】

（1）学生自由分组，每组 4 人。

（2）小组成员根据任务描述准备保洁用品。

（3）小组成员进行任务分工，两人打扫卧室，两人打扫卫生间。

（4）主讲教师对各小组进行点评。

任务二　家居消毒

任务导入

在大扫除过程中，阿秀在厨房垃圾桶旁边发现了一只蟑螂，便立即在垃圾桶及其附近位置喷洒了杀虫剂。经检查，阿秀发现厨房之所以出现蟑螂，是因为没有及时清理厨余垃圾。王太太得知家里有蟑螂，又想到近期流感盛行，便叮嘱阿秀最近打扫卫生时要做好消毒工作。因此，完成保洁工作后，阿秀又对家居空气和各种家居物品进行了全面消毒。

思考：

如何进行家居消毒？

家居消毒是指采用物理、化学或生物方法消除家居环境中的病原微生物的过程。定期进行家居消毒，可以净化家居环境，保障家庭成员的身体健康。

一、家居消毒的方法

家居消毒主要包括家居空气消毒和家居物品消毒，其消毒方法有所不同。

（一）家居空气消毒

家居空气消毒的一般方法如表 4-3 所示。

表 4-3　家居空气消毒的一般方法

方法	说明
自然通风法	每天上午和下午至少各开窗通风一次，每次通风时间在 30 分钟以上
机械通风法	使用排风扇、空调等加强室内空气流通
用空气净化器（图 4-23）消毒	一般用于空气污染较严重的情况
喷洒法（图 4-24）	将配制好的消毒剂喷洒于地面或空气中
熏蒸法	关闭门窗，将消毒剂加热或加入氧化剂，待其汽化后在室内熏蒸

图 4-23　空气净化器

图 4-24　喷洒法

小贴士

空气净化器具有加湿功能，不宜在雨天使用。

用熏蒸法消毒时，人员应撤离，待消毒结束且室内通风 30 分钟后再进入。

（二）家居物品消毒

家居物品消毒的一般方法如表 4-4 所示。

表 4-4　家居物品消毒的一般方法

方法	说明	适用性
晾晒法	将物品放在阳光下晾晒几个小时	消毒各种织物，如抱枕、窗帘等
加热法	将物品放入锅中加水煮沸 20～30 分钟；或者隔水加热，用蒸汽熏蒸 20～30 分钟	消毒各种餐具、小件织物，如筷子、瓷碗、毛巾等
喷洒法	将配制好的消毒剂喷洒到物品表面	消毒各种体积较大的物品（如洗手池、浴缸、便器）、地面、墙面等
擦拭法	用配制好的消毒剂或消毒湿巾擦拭物品表面	消毒各种体积较小的硬质物品，如门把手、水龙头、玩具等
浸泡法	将物品放入配制好的消毒剂中完全浸没，浸泡 30 分钟后用清水漂洗干净	消毒耐湿的物品，如餐具、玩具、织物等

二、家居消毒的注意事项

在进行家居消毒时，需要注意以下几点：

（1）以保洁为主、消毒为辅，优先采用通风法、晾晒法、加热法等物理消毒法。

消毒方法可分为物理消毒法、化学消毒法和生物消毒法。其中，物理消毒法是指通过机械（如流水冲洗）、热、光、电、微波和辐射等物理方式进行消毒的方法，化学消毒法是指用消毒剂进行消毒的方法，生物消毒法是指利用某种生物来杀灭或清除病原微生物的方法。

（2）消毒前应先保洁，以达到更好的消毒效果。

（3）根据消毒对象选择合适的消毒剂。现代家庭常用的消毒剂可分为醇类消毒剂、酚类消毒剂、含氯消毒剂三大类，如表 4-5 所示。

表 4-5　现代家庭常用的消毒剂

类型	常用消毒剂	适用对象	注意事项
醇类消毒剂	乙醇消毒剂、异（正）丙醇消毒剂等	皮肤、一般物品表面	（1）用消毒剂原液进行擦拭消毒； （2）不宜用于空气消毒； （3）使用时须远离火源
酚类消毒剂	含苯酚、甲酚的消毒剂，含对氯间二甲苯酚的消毒剂等	皮肤、黏膜、一般物品表面、织物等	以苯酚、甲酚为主要成分的消毒剂不宜用于皮肤、黏膜消毒
含氯消毒剂	84 消毒液	一般物品表面、餐具、果蔬、水等	（1）不宜用于金属、有色织物消毒； （2）使用时应戴手套，避免接触皮肤； （3）不得接触易燃物，远离火源

一般物品表面是指日常用品（如桌椅、床头柜、卫生洁具、门窗把手、楼梯扶手、儿童玩具等）的表面。

（4）严格按照使用说明科学配制和使用消毒剂，其间应做好个人防护，佩戴好口罩、橡胶手套和护目镜（图 4-25）。不得混合使用不同的消毒剂。

（5）在传染病流行季节，或家中有传染病患者时，可以增加消毒频次。

图 4-25　护目镜

课堂互动

家政服务员 A 需要对卫生间进行消毒，请问：她可以使用哪些消毒方法和消毒剂？

任务实施

家居消毒训练

【任务描述】

在流感高发期，雇主 B 叮嘱家政服务员 A 对家居环境进行消毒，消毒对象包括餐具、门把手、洗手池和家居空气。请对以上对象进行消毒处理。

【实施流程】

（1）学生自由分组，每组两人。

（2）小组成员根据任务描述，准备消毒剂和辅助工具。

（3）各小组中一人进行消毒，另一人将消毒过程拍成视频，简单加工后提交给主讲教师。

（4）主讲教师对各小组进行点评。

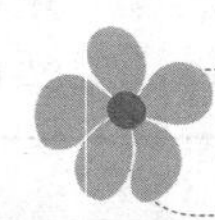

任务三　家居整理与收纳

任务导入

趁着大扫除，王太太准备整理一下衣柜。但是衣物繁多，王太太花了两个小时也没整理好。恰好阿秀已经完成了家居保洁和消毒工作，便上前帮王太太一起整理。阿秀看到王太太将衣物全都团成一团放在衣柜隔板上，便建议王太太可以先将衣物分类，然后按不同类型存放，同时向王太太分享了一些叠衣服的技巧。

在阿秀的帮助下，原先杂乱的衣柜瞬间变得整齐了，王太太开心地说："我的衣柜从来没有这么整齐过，这种分类整理与收纳的方法真好用，是不是也可以用这种方法来整理与收纳家里的杂物？"阿秀说："是的，分类整理与收纳就像是给物品建了一个索引，之后就可以按照这个索引快速找到物品所在位置。"

思考：

（1）如何整理与收纳衣物？

（2）如何整理与收纳杂物？

为了营造整洁的家居环境，为家庭成员的日常生活提供便利，家政服务员需要合理整理与收纳衣物、食物、杂物等家居物品。

一、整理与收纳的原则

家政服务员在整理与收纳家居物品时，应遵循以下原则：

（1）遵从雇主意愿，充分考虑各家庭成员的生活习惯。

（2）分类收纳。根据大小、用途、使用频率等对物品进行分类，并按类型集中收纳，以便后续查找物品。

（3）就近收纳。例如，一般将锅具放在橱柜内，将牙膏、牙刷等洗护用品放在卫生间内。

（4）充分考虑空间布局。一方面，要最大限度地利用现有家居空间，如采用立式收纳法（图 4-26）可以充分利用纵向空间；另一方面，要保证物品收纳整齐，可以适当留白，以便让空间显得更加开阔。

（5）及时将使用完的物品放回原位。

图 4-26　立式收纳法

二、衣物整理与收纳

科学整理与收纳衣物，既方便拿取衣物，又可避免衣物出现发霉、变形、纤维脆化等问题，延长其使用寿命。家政服务员需要了解衣物整理与收纳的基础知识和具体技巧。

（一）基础知识

家政服务员通常需要整理衣物，并将其收纳到衣柜中，一般步骤如图 4-27 所示。

图 4-27　衣物整理与收纳的一般步骤

小贴士

挂放是指用衣架等工具将衣物悬挂在衣柜内。叠放是指将衣物折叠后放在衣柜隔板上或抽屉内。

在整理与收纳衣物时，需要注意以下几点：

（1）凡是收纳在衣柜内的衣物，均须经过洗涤、晾晒、熨烫和回凉等处理，确保衣物洁净、干燥，以免其在存放过程中发霉、生虫。穿过的衣物一般宜收纳在靠近换衣区的通风处。

（2）将不同类型、面料、颜色的衣物分开收纳。不常穿的衣物宜放在衣柜的上层、里侧或其他衣物下方等不易拿取的地方，常穿衣物应放在衣柜的中下层、外侧或其他衣物上方等易拿取的地方。

（3）存放衣物时应注意防潮、防虫。例如，天气潮湿时在衣柜内放上除湿剂（图 4-28）；将衣物用收纳袋或收纳盒装好并密封，可视情况放一些除虫剂。

除湿袋

除湿盒

图 4-28　除湿剂

（二）具体技巧

1．不同面料衣物的整理与收纳技巧

（1）棉麻类衣物：宜叠放，长期不穿的衣物宜用干净的密封袋装好，以防虫蛀。

（2）毛织类衣物：可挂放或叠放。为防止毛衣变形，挂放时应将衣架挂钩置于毛衣的腋窝位置，然后将下摆和袖子分别放在衣架两侧，如图 4-29 所示。叠放时宜用收纳袋将衣物装好，以免绒毛附着在其他衣物上。每月需要将毛织类衣物放在通风处晾一两次，以防虫蛀。

（3）丝绸类衣物：易发霉，不宜重压，可挂放或叠放在其他衣物上方。不宜放樟脑丸，以免衣物出现黄斑。

（4）化纤类衣物：挂放易变形，因此宜叠放。

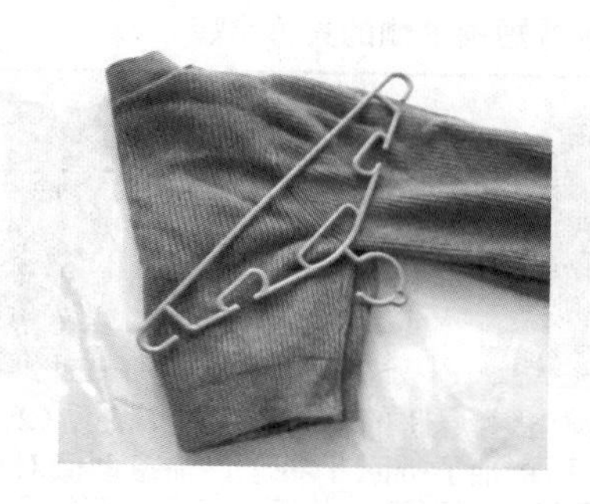

图 4-29　挂放毛衣

2．不同类型衣物的整理与收纳技巧

家政服务员应根据衣物类型选择合适的整理与收纳方法。衬衫、西服、大衣、连衣裙等不易折叠的衣物和较厚实的衣物宜挂放。挂放时应使衣物朝向一致，保证纽扣和拉链闭合，以节约收纳空间。此外，可以用防尘罩（图 4-30）将衣物包住，以防潮、防尘、防虫蛀。T 恤、卫衣、裤子、围巾等较轻薄的衣物宜叠放，其中，体积较小的衣物（如内衣、袜子、手套、帽子等）可叠放在抽屉内。

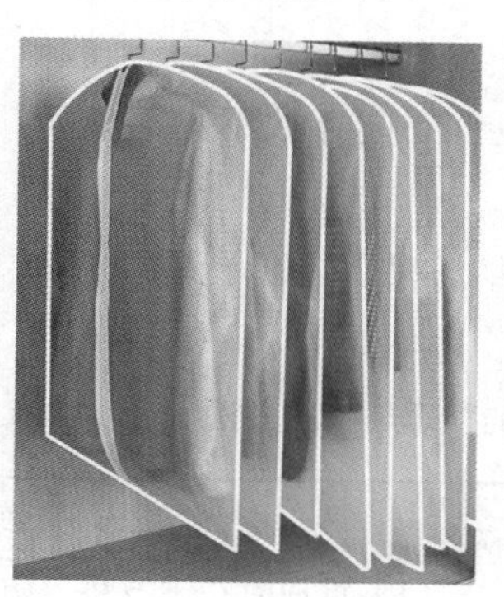

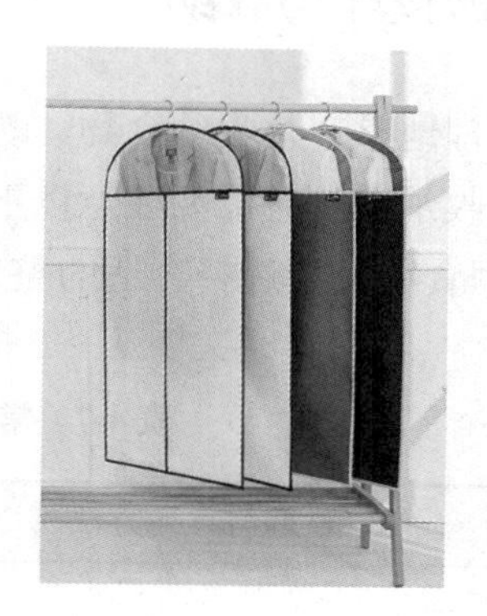

图 4-30　防尘罩

视野拓展

方形折叠法

方形折叠法是折叠衣物时最常用的方法，其一般步骤如下：① 将衣物展开后平铺；② 将衣物左右两侧向内折叠，使之成为长方形；③ 沿长方形长边将衣物多次对折至合适大小，或者将长边的一端均匀折叠至与另一端重合。例如，采用方形折叠法折叠短袖 T 恤的具体步骤如表 4-6 所示。

表 4-6　采用方形折叠法折叠短袖 T 恤的具体步骤

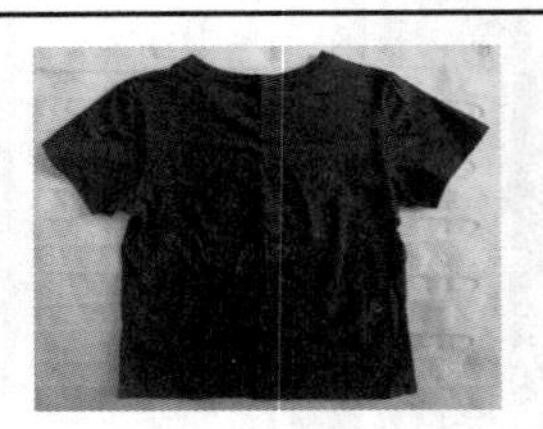 （1）将 T 恤背面向上平铺在床上，抚平褶皱	 （2）将左侧袖子沿着肩膀的中点处向右折叠，再将袖子折回	 （3）按照第（2）步折叠右侧袖子，注意两侧对称
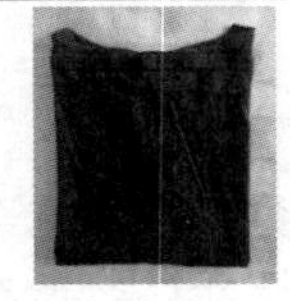 （4）将底边向上对折	 （5）再次对折	 （6）翻转 T 恤，使正面向上

资料来源：《了不起的衣橱：衣橱收纳整理全书》，南京：江苏人民出版社

三、食物整理与收纳

科学、合理地整理与收纳食物，既可避免食物因存放不当而变质，也可减少家居卫生问题。整理与收纳食物时需要注意以下几点：

（1）根据食物类型选择合适的整理与收纳方法。常见食物的整理与收纳方法如表 4-7 所示。

表 4-7　常见食物的整理与收纳方法

食物类型	整理与收纳方法	注意事项
粮食	存放在密封容器内，或堆放在阴凉通风处	（1）堆放时在下方垫上防潮垫，以免粮食因受潮而结块、霉变； （2）不宜将粮食与熏肉、咸鱼等异味重的食物放在一起，以免粮食吸附异味； （3）注意预防虫害、鼠害
新鲜蔬菜	（1）冷藏：适合存放易变质的蔬菜，如绿叶菜； （2）堆放在阴凉通风处：适合存放不易变质的蔬菜，如土豆	（1）冷藏前用保鲜膜包裹或放在保鲜袋内； （2）冷藏时间不宜过长，例如，绿叶菜的冷藏时间一般不宜超过 5 天
新鲜水果	冷藏或放在阴凉通风处	不宜冷藏火龙果、香蕉、杧果等热带水果，以免其冻伤
新鲜畜禽肉	（1）冷藏：适合短时间存放； （2）冷冻：适合长时间存放	（1）注意调节湿度，以防肉质干耗； （2）冷藏时间一般不宜超过 3 天，冷冻时间一般不宜超过 6 个月； （3）冷冻的畜禽肉不宜反复解冻

续表

食物类型	整理与收纳方法	注意事项
新鲜水产品	（1）活养：存放鲜活的动物水产品； （2）冷藏：适合短时间存放； （3）冷冻：适合长时间存放	（1）淡水鱼类、虾类、蟹类可用清水活养，海水鱼类、虾类、蟹类、贝类可用海水活养，蟹类也可无水活养（一般可存活两天左右）； （2）冷冻的水产品不宜反复解冻
鲜蛋	冷藏	（1）如鲜蛋表面杂质过多，需要先将其洗净、擦干，再放入收纳盒内冷藏； （2）冷藏时间一般为 1～2 个月
鲜奶	冷藏	注意密封、避光
调味品	存放在密封容器内	（1）盐宜存放在耐腐蚀的容器（如玻璃罐、陶瓷罐）内； （2）注意避光，温湿度适宜
熟食	冷藏	（1）冷藏前用保鲜膜包裹或放在保鲜袋内； （2）与生食分开存放，一般宜放在生食的上层； （3）冷藏时间不宜超过 3 天

干耗是指食物在冷藏或冷冻过程中因水分蒸发而出现的表面干燥、重量减少的现象。

（2）现代家庭通常会用冰箱来冷藏或冷冻食物。用冰箱收纳食物时不宜塞满，需要在食物之间留出空隙，以便空气流通。此外，需要定期清理冰箱内已变质的食物，以免滋生细菌。

（3）为了避免食物存放过久而变质，可以在装食物的密封袋或密封盒上标记宜食用的时间段。

四、杂物整理与收纳

现代家庭中会有各种杂物，如存放不当，会使整个家居环境变得杂乱。家政服务员可以采用以下方法整理与收纳各种杂物：

（1）根据物品的用途选择合适的收纳地点。例如，维修工具宜放在杂物间内，油污清洁剂宜放在厨房内。

（2）按体积分别收纳用途相同或相近的物品。小件物品可以放入抽屉或收纳盒内，不宜堆放或散放。

（3）将药品、化学用品、刀具等具有危险性的物品放在儿童不易接触的地方。

（4）巧用纵向空间和隐蔽空间。例如，可以用挂钩、垂直置物架（图 4-31）等存放杂物，也可利用床底、橱柜等隐蔽空间收纳杂物。

图 4-31　垂直置物架

药到病时找不到？
学一学药物收纳小技巧

（5）在存放杂物的抽屉或收纳盒上贴标签，标明物品名称、数量、使用的注意事项等。

任务实施

衣物整理与收纳训练

【任务描述】

雇主 B 非常喜欢购买衣物，家里的衣柜内和沙发上散落着各种衣物，导致她每次寻找时都很困难。因此，雇主 B 请家政服务员 A 帮忙整理与收纳衣物。现有白色纯棉衬衫、黑色羊毛毛衣、浅色的棉质短袖 T 恤、紫色的丝绸围巾、蓝色牛仔裤、黑色长款羽绒服等衣物，请将所有衣物合理地整理并收纳到衣柜内。

【实施流程】

（1）学生自由分组，每组两人。

（2）小组成员根据任务描述准备所需衣物和工具。

（3）各小组中一人整理与收纳衣物，另一人将整理与收纳的过程拍摄成视频，简单加工后提交给主讲教师。

（4）主讲教师对各小组进行点评。

学习成果自测

1．填空题

（1）按使用方法划分，现代家庭常用的保洁工具可分为＿＿＿＿＿＿、＿＿＿＿＿＿、＿＿＿＿＿＿、拖扫类。

（2）家居消毒是指采用＿＿＿＿＿、＿＿＿＿＿或＿＿＿＿＿方法消除家居环境中的病原微生物的过程。

（3）粮食可存放在＿＿＿＿＿＿内，也可堆放在＿＿＿＿＿＿处。

2．单项选择题

（1）清洗玻璃餐盘时宜选用（　　）。

A．玻璃清洁剂　　B．油污清洁剂
C．餐具清洁剂　　D．肥皂

（2）以下有关墙面保洁的措施中，不当的是（　　）。

A．用水冲洗壁纸墙面　　B．清扫墙面缝隙处
C．刮除硅藻泥墙面的顽固污渍　　D．清除污渍时不宜用力过大

（3）以下有关窗户保洁的措施中，不当的是（　　）。

A．先擦拭窗台　　B．用双面擦玻璃器擦拭窗户外侧
C．将纱窗拆下来单独清洗　　D．用刮水器刮除玻璃窗面的污水

（4）以下有关沙发保洁的措施中，正确的是（　　）。

A．用自来水擦洗真皮沙发　　B．清洗完布艺沙发后立即吹干
C．用皮革清洁剂擦洗木质沙发　　D．每天对皮革沙发进行打光处理

（5）羊毛类地毯和挂毯宜（　　）。

A．干洗　　B．湿洗
C．水洗　　D．放在阳光下暴晒

（6）水晶串灯宜喷洒（　　）清洁剂后擦拭。

A．强碱性　　B．弱碱性
C．中性　　D．酸性

（7）以下有关卧室保洁的措施中，不当的是（　　）。

A．用洗涤剂去除床垫表面的污渍　　B．用毛掸清扫衣柜表面的灰尘
C．对床铺进行保洁时只清扫床垫　　D．用毛刷清除衣柜角落的灰尘

（8）清洗淋浴喷头时，可将其放入溶有（　　）的清水中浸泡两小时。

A．肥皂　　B．白醋
C．盐　　D．白糖

（9）使用排风扇加强空气流通属于（　　）。

A．自然通风法　　B．机械通风法
C．喷洒法　　D．熏蒸法

（10）以下有关衣物收纳的措施中，不当的是（　　）。

A．将不同面料的衣物分开收纳　　B．将西服叠放在抽屉内
C．将丝绸类衣物叠放在其他衣物上方　　D．用方形折叠法折叠衣物

（11）绿叶菜宜（　　）。

A．存放在密封容器中　　B．冷藏
C．冷冻　　D．堆放在阴凉通风处

3．简答题

（1）简述地板保洁的一般步骤和注意事项。
（2）简述台面保洁的一般步骤和注意事项。
（3）简述家居消毒的注意事项。
（4）简述整理与收纳的原则。

学习成果评价

请进行学习成果评价，并将评价结果填入表4-8中。

表4-8 学习成果评价表

班级：________ 姓名：________ 学号：________

评价项目	评价内容	分值	评分	
			自我评分	教师评分
知识（40%）	家居保洁用品	4		
	各区域的保洁方法和质量要求	12		
	家居消毒的方法和注意事项	8		
	整理与收纳的原则	4		
	各种家居物品的整理与收纳方法	12		
技能（40%）	能够对客厅、卧室、厨房和卫生间进行保洁	15		
	能够进行家居消毒	10		
	能够整理与收纳衣物、食物和杂物	15		
素养（20%）	听从教师指挥，遵守课堂纪律	5		
	培养团队精神，提高团队凝聚力	5		
	增强服务意识，提高服务能力	5		
	守正创新，自信自强	5		
合计		100		
总分（自我评分×40%+教师评分×60%）				
自我评价				
教师评价				

项目五 现代家庭成员照护

项目引言

家庭成员是现代家庭的重要组成部分。家政服务员关爱家庭成员，为其提供照护服务，可以提升现代家庭的幸福感。家政服务员需要了解家庭成员尤其是孕妇、产妇、婴幼儿、老年人的生理和心理特征，掌握专业照护方法，以便对家庭成员进行全面照护。本项目主要介绍孕妇照护、产妇照护、婴幼儿照护和老年人照护的相关知识。

知识目标

- 了解孕妇、产妇、婴幼儿、老年人的生理和心理特征。
- 掌握孕妇膳食照护、运动指导和安全照护、常见不适症状照护的方法。
- 掌握产妇膳食照护、身体照护的方法。
- 掌握婴幼儿膳食照护、睡眠照护、盥洗和如厕照护、运动指导和安全照护的方法。
- 掌握老年人日常生活照护、运动指导和安全照护、常见疾病照护的方法。

素质目标

- 学习身体照护知识，树立正确的健康观，提高健康素养，养成健康生活方式。
- 学习“月嫂是本‘百科全书’”案例，培养自主学习意识，用科学知识武装头脑、指导实践。
- 学习太极拳的相关知识，提高文化素养，坚定文化自信。

任务一 孕妇照护

任务导入

王太太怀孕8周左右时，经常呕吐，食欲不佳。阿秀便每天为她准备清淡的食物。经过一个多月的调养，王太太逐渐恢复了食欲。为了让王太太摄入充足的营养，阿秀每天都会特意多准备一些食物。王太太食欲越来越好，又开始担心体重增长过多，便让阿秀协助她做一些孕期运动。

思考：

（1）如何进行孕妇膳食照护？

（2）如何指导孕妇合理运动？

孕妇是指处于妊娠期的妇女。妊娠期是指从受孕到分娩前的一段时间，可分为妊娠早期（妊娠12周末之前）、妊娠中期（妊娠13周～27周末）和妊娠晚期（妊娠28周～40周末）。

一、孕妇的生理和心理特征

为了能够为孕妇提供合理的照护服务，家政服务员需要了解孕妇的生理和心理特征。

（一）生理特征

在妊娠期的不同阶段，孕妇具有不同的生理特征，具体如表5-1所示。

表5-1 孕妇的一般生理特征

妊娠期	生理特征
妊娠早期	（1）停经，雌激素和孕激素水平开始上升； （2）出现早孕反应，如恶心、呕吐、头晕、乏力、嗜睡、食欲下降、轻度水肿等； （3）子宫开始增大，出现尿频症状； （4）乳房开始增大，可能伴有轻度乳房胀痛或乳头疼痛
妊娠中期	（1）早孕反应和尿频症状消失； （2）食欲旺盛； （3）腹部开始隆起并不断增大，身体可能会水肿； （4）妊娠16周左右，可以明显感受到胎动
妊娠晚期	（1）腹部明显隆起，腿部、脚部水肿加剧，可能出现肌肉痉挛； （2）心肺负担加重，呼吸急促； （3）孕激素、催乳素增加，会分泌少量乳汁，可能出现乳房胀痛； （4）易出现妊娠并发症，如妊娠高血压、贫血、妊娠糖尿病、妊娠期急性脂肪肝、过期妊娠等

胎动是指胎儿在孕妇子宫内活动。家政服务员可以指导孕妇从妊娠中期开始监测胎动，每天早、中、晚各监测 1 小时。如每小时胎动次数不少于 3 次，说明胎儿情况良好；如胎动次数突然下降 50%以上或 3 次计数总和少于 10 次，则说明胎儿可能缺氧，孕妇应立即就医。

（二）心理特征

妊娠期内激素水平的变化使得孕妇极易产生各种消极心理，影响其自身和胎儿的身体健康。孕妇的一般心理特征包括紧张、惊喜、情绪不稳定、恐惧、焦虑、抑郁等，如表 5-2 所示。

表 5-2　孕妇的一般心理特征

心理特征	可能原因
紧张	初次怀孕或怀孕不在计划内，缺乏孕前准备
惊喜	得知怀孕或感受到胎动
情绪不稳定	（1）体内激素水平变化； （2）不适应身体变化，面临妊娠和分娩的压力； （3）长期承受妊娠带来的身体不适，导致情绪敏感
恐惧	（1）缺乏足够的妊娠知识； （2）担心自己和胎儿的身体健康； （3）害怕分娩疼痛
焦虑、抑郁	（1）体重增加等生理变化导致孕妇产生身材焦虑； （2）缺乏丈夫及其他家庭成员的关心； （3）面临家庭经济水平下降、职业发展受阻等生活和工作压力

家政服务员需要及时关注孕妇的心理状态，并采用以下方法对其进行心理调适：

（1）创造整洁、安静、舒适的环境，提供营养膳食，加强身体照护，帮助孕妇缓解身体不适。

（2）为孕妇讲解妊娠期保健知识和分娩常识，引导孕妇适应妊娠带来的身体变化，以良好的心态迎接分娩。

（3）为孕妇讲解胎教知识，鼓励孕妇分享妊娠期各个阶段的感受。

胎教是指加强孕妇和胎儿之间的正向互动，以促进胎儿发育、开发胎儿潜能的调养方法。常见的胎教方式有抚摸、轻拍、对话、讲故事、听音乐等。

（4）加强与孕妇的沟通和交流，鼓励孕妇接纳或宣泄负面情绪。

（5）鼓励孕妇多进行户外活动，多晒太阳。

（6）建议家庭成员给予孕妇足够的关怀。

二、孕妇膳食照护

家政服务员在为孕妇烹制膳食时，需要遵循膳食照护原则，了解相关膳食禁忌。

（一）膳食照护原则

1．食物多样，营养全面

家政服务员为孕妇烹制膳食时，需要注意以下几点：

（1）每天为孕妇准备多样化的食物。根据中国备孕妇女平衡膳食宝塔（2022）和中国孕期妇女平衡膳食宝塔（2022），孕妇每天应摄入的食物如表 5-3 所示。

表 5-3　孕妇每天应摄入的食物

食物类型	摄入量			备注
	妊娠早期	妊娠中期	妊娠晚期	
加碘食盐	5 克	5 克	5 克	
油	25 克	25 克	25 克	
奶类	300 克	300～500 克	300～500 克	
大豆/坚果	15 克/10 克	20 克/10 克	20 克/10 克	
瘦畜禽肉	40～65 克	50～75 克	50～75 克	妊娠早期每周 1 次动物血或肝脏，妊娠中期和晚期每周 1～2 次动物血或肝脏
鱼虾类	40～65 克	50～75 克	75～100 克	
蛋类	50 克	50 克	50 克	
蔬菜类	300～500 克	400～500 克	400～500 克	每周至少 1 次海藻类
水果类	200～300 克	200～300 克	200～350 克	
谷类	200～250 克	200～250 克	225～275 克	
薯类	50 克	75 克	75 克	
水	1 500～1 700 毫升	1 700 毫升	1 700 毫升	

课堂互动

在妊娠期的不同阶段，孕妇每天应摄入的食物量有何区别？

（2）增加膳食中蛋白质、维生素和矿物质的含量。优先选择富含优质蛋白质的食物，如鸡蛋、鸡肉、牛奶、豆制品等。

（3）多准备富含叶酸的食物，如绿叶菜、动物肝脏、水果、坚果等，并遵医嘱协助孕妇服用叶酸补充剂。

（4）在孕妇妊娠 16 周左右，多准备富含铁的食物，如动物肝脏、瘦肉、蛋黄、豆类、绿叶菜等，以预防孕妇贫血。

（5）在保证孕妇营养均衡的同时，注意避免孕妇营养过剩，以免孕妇患妊娠高血压、妊娠糖尿病、妊娠期急性脂肪肝等并发症。

2．定时定量，少量多餐

家政服务员应定时定量地为孕妇提供膳食服务，可以保持孕妇早餐、午餐和晚餐的食物量与孕前相同，同时在上午和下午为其加餐。加餐时宜选择营养价值高、热量低的食物，如水果、坚果、麦片等。

3．监测体重，适当调量

通常情况下，妊娠期的膳食应适当加量，以便为胎儿发育和孕妇产后哺乳提供充足条件。但具体如何增加食物量，需要根据孕妇的体重增长情况判定。根据妊娠期体重增长推荐值（表 5-4），如孕妇妊娠前体重指数（BMI）较低或妊娠中晚期体重增长不足，则应适当增加食物量；如孕妇妊娠前体重指数较高或妊娠中晚期体重增长过快，则应控制食物量，同时减少摄入高脂肪、高糖的食物。

表 5-4　妊娠期体重增长推荐值

妊娠前体重指数/（千克/米 ^{2}）	体重总增长值范围/千克	妊娠早期体重增长值范围/千克	妊娠中晚期每周体重增长值及范围/千克
低体重（BMI＜18.5）	11.0～16.0	0～2.0	0.46（0.37～0.56）
正常体重（18.5≤BMI＜24.0）	8.0～14.0	0～2.0	0.37（0.26～0.48）
超重（24.0≤BMI＜28.0）	7.0～11.0	0～2.0	0.30（0.22～0.37）
肥胖（BMI≥28.0）	5.0～9.0	0～2.0	0.22（0.15～0.30）

小贴士

体重指数（BMI）是衡量人体肥胖程度的重要指标之一，计算方法是用体重（千克）除以身高（米）的平方。

4．健康烹饪，注重卫生

家政服务员在烹制膳食时需要照顾孕妇的口味，以保证孕妇的食欲。与此同时，应尽量采用清炒、清蒸、炖、白灼等技法烹制菜肴，以减少食物营养流失。此外，调味时宜选择低钠盐，少使用辣椒、胡椒、花椒等辛辣调味品，以防刺激胃肠、加重便秘。

孕妇患病风险较高，因此家政服务员在为孕妇烹制膳食时应注重膳食卫生，尽量准备经高温加热的食物，以免影响孕妇和胎儿的身体健康。

（二）膳食禁忌

家政服务员应熟悉孕妇的膳食禁忌（表 5-5），合理烹制膳食，并指导孕妇培养正确的膳食习惯。

表 5-5 孕妇的膳食禁忌

膳食禁忌	危害
暴饮暴食	加重孕妇的心肺和胃肠负担，可能引起呼吸不畅、胸闷等症状
经常吃过咸的食物，如腌制食物	引起孕妇关节肿痛，可能导致其患妊娠高血压
经常吃高脂肪的食物，如油炸食物	增加孕妇患脂肪肝、高脂血症的风险，可能导致胎儿患癌症
经常吃高糖的食物，如蛋糕	加重代谢负担，导致孕妇患妊娠糖尿病、妊娠高血压等并发症，增加早产、难产、胎儿畸形等风险
吃生冷食物、变质食物	食物中可能含有大量细菌，容易导致胎儿感染、孕妇宫内感染、流产、胎停育、死胎等
饮用含咖啡因的饮料，如浓茶、咖啡	增加流产、死产、胎儿发育迟缓等风险
吃大量的酸性食物，如山楂	导致胎儿畸形
经常吃含铅量高的食物，如油条、薯片	导致胎儿脑部受损，影响其智力发育
吸烟	导致胎儿缺氧，出现营养不良、发育迟缓等情况
饮酒	导致胎儿发育迟缓、智力低下等

三、孕妇运动指导和安全照护

（一）运动指导

孕妇适当运动可以促进血液循环，从而增强心肺功能，缓解身体水肿、静脉曲张等症状。家政服务员在指导孕妇运动时，需要注意以下几点：① 运动强度适当，不宜安排爬山、快跑等剧烈运动，每次运动时间为 30 分钟左右；② 如孕妇感到劳累、头晕或腹部不适，应建议其立即休息；③ 帮助孕妇养成每天运动的习惯。下面列举了几种适合孕妇的运动项目。

1．散步

对孕妇来说，散步是最简单、安全的运动项目，可以有效减轻身体水肿，促进消化。家政服务员陪同孕妇散步时，应注意步伐缓慢，选择安静、绿化环境好、地面平坦的户外场所。

孕妇散步的注意事项

2．游泳

游泳可以帮助孕妇增强心肺功能，减轻关节负担，锻炼腰腹部

和腿部的肌肉，预防腰痛和下肢水肿。家政服务员陪同孕妇游泳时需要注意以下几点：① 选择温度适宜的游泳池；② 告知孕妇游泳前需要在专业人士的指导下进行充分热身；③ 告知孕妇游泳时间不宜过长。

3. 简单拉伸

孕妇不宜久坐、久站，应经常拉伸身体，以免身体僵硬、血液循环不畅。家政服务员可以指导孕妇在工作间隙和居家休息时进行以下拉伸项目：

（1）拉伸颈部。保持身体端正，头部朝前，用右手将头部拉向右侧，保持 10 秒后拉伸另一侧。

（2）拉伸肩部。保持身体端正，头部朝前，弯曲左手肘，将左手放于右侧上背部，头部保持不动，用右手将左手肘向右侧拉（图 5-1），保持 10 秒后拉伸另一侧。

（3）拉伸腰部。保持身体坐正，背部伸直，将左手放于右膝上，右手放于身体左后侧，身体向右后方扭转，保持 15 秒后拉伸另一侧。

（4）拉伸腿部。保持身体坐正，腿部伸直，足背屈（图 5-2）至大腿和小腿有拉伸感，保持 10 秒后放松双脚，然后重复多次。

图 5-1　拉伸肩部

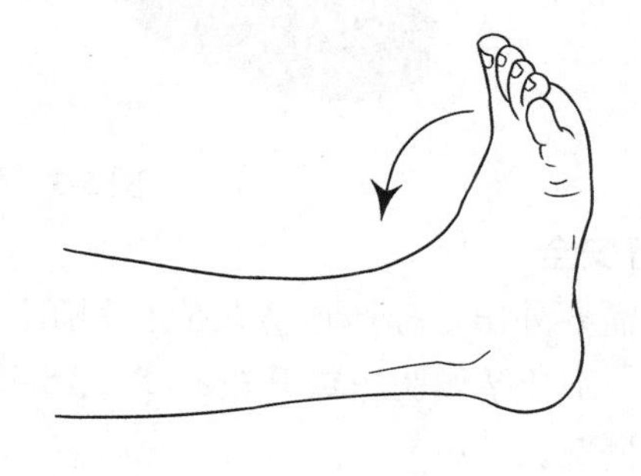

图 5-2　足背屈

（5）拉伸手腕、脚腕。顺时针或逆时针转动腕部，可重复多次。

（二）安全照护

家政服务员可从着装安全、日常活动安全、出行安全、卫生安全、分娩安全等方面对孕妇进行安全照护。

1. 着装安全

家政服务员应指导孕妇穿合适的衣服，具体如下：

（1）衣服厚度适中，以防暑、防寒。

（2）尽量穿舒适、宽松的衣服，不束腰，不穿紧身衣，以免影响乳房和胎儿的发育。

（3）不穿高跟鞋，以免身体失衡或引起腰背疼痛。

2. 日常活动安全

家政服务员应指导孕妇在日常活动时注意减轻身体负担。

（1）采用合适的坐姿、站姿和走姿。具体包括以下三点：① 落座后注意上半身端正，背部倚靠椅背或抱枕，大腿与地面平行，小腿自然下垂。② 站立时注意双脚微微张开，重心落在双脚中间；或双脚一前一后站立，重心落在前脚上，隔几分钟更换前后脚位置。③ 行走时注意抬头、挺胸、收臀，目视前方，稳步前行，保持身体平衡。

（2）不压迫腹部，不弯腰捡东西，不爬高或踮脚取物。

（3）适当减少工作量，及时休息，保证睡眠充足。

（4）睡觉时宜用左侧卧位，同时用孕妇枕（图 5-3）托住腿部、腰部和腹部。

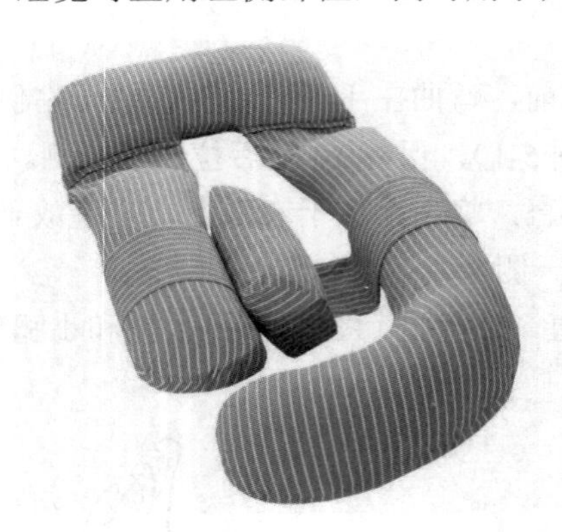

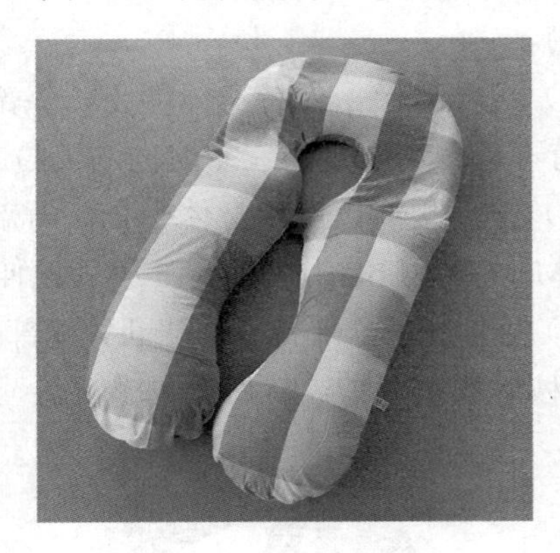

图 5-3　孕妇枕

3. 出行安全

如孕妇需要外出，家政服务员应全程陪同，并注意以下几点：① 选择运行比较平稳的交通工具，不让孕妇骑车或开车；② 尽量避免去人流量大的地方，以免发生孕妇摔倒、昏厥等意外情况。

4. 卫生安全

卫生安全包括家居卫生安全和孕妇个人卫生安全两个方面。具体来说，家政服务员应做好以下工作：

（1）每天做好家居保洁工作，加强通风。及时清除地面水渍或油渍，保持地面干燥，以防孕妇滑倒。

（2）指导孕妇勤刷牙、勤洗澡、勤换衣，具体如下：① 饭后和睡前用软毛牙刷刷牙。② 妊娠早期和中期可采用淋浴方式，靠墙或手扶栏杆站立，以防滑倒；妊娠晚期应由家庭成员或家政服务员进行擦浴。洗澡时浴室内温度不宜过高，洗澡时间不宜过长，以免昏厥。③ 及时更换衣物，保持衣物整洁。

5. 分娩安全

为了保证孕妇安全分娩，家政服务员需要注意以下几点：

（1）加强产前身体照护和膳食营养，建议孕妇加强休息。

（2）了解孕妇分娩前的身体反应。如孕妇出现持续性宫缩、见红（即阴道少量出血或出现血性分泌物）或阴道有大量透明液体流出，说明孕妇临近生产，须立即将其送往医院。

在孕妇分娩前，家政服务员应提前为孕妇准备换洗衣服、洗漱用品、吸奶器等，为新生儿（即出生以后不满 28 天的婴儿）准备柔软且便于穿脱的衣服、毛巾、纸尿裤、奶瓶、盖被、抱被等。

四、常见不适症状照护

（一）恶心、呕吐

多数孕妇在妊娠早期都会出现恶心、呕吐等早孕反应。家政服务员在日常照护孕妇时需要注意以下几点：

（1）准备清淡、易消化的食物，建议孕妇少食多餐。

（2）每天清晨为孕妇准备一杯温热的淡盐水，以帮助其清理肠道。

（3）鼓励孕妇饭后散步，以促进消化。

如孕妇呕吐症状加剧或食欲过差，家政服务员应建议其及时就医，以免引起脱水甚至电解质紊乱。

（二）便秘

妊娠期子宫增大会压迫肠道，使孕妇肠道蠕动减慢，容易导致便秘。家政服务员在日常照护孕妇时需要注意以下几点：

（1）每天为孕妇准备蔬菜、水果等富含膳食纤维的食物。

（2）指导孕妇养成按时排便的习惯。

（3）如孕妇严重便秘，可在医生指导下协助孕妇使用开塞露等药品。

（三）痔疮

子宫压迫和妊娠期便秘都会引发或加重痔疮。家政服务员在日常照护孕妇时需要注意以下几点：

（1）指导孕妇积极防治便秘。

（2）指导孕妇进行温水坐浴，以缓解痔疮引起的肿胀、疼痛。

（四）阴道炎

妊娠期阴道分泌物增多，使得孕妇容易感染阴道炎。家政服务员在日常照护孕妇时需要注意以下几点：

（1）建议孕妇穿透气的内裤，及时清洗阴部，保持阴部干燥。

（2）每天洗涤孕妇的内裤和毛巾，并进行高温消毒。

（3）指导孕妇正确进行性行为。

（五）乳房皴裂、感染、疼痛

孕妇的乳房会逐渐增大，在妊娠晚期可能出现泌乳情况，如护理不当，容易出现乳房皴（cūn）裂、感染、疼痛等问题。家政服务员在日常照护孕妇时需要注意以下几点：

（1）指导孕妇每天清洗乳房。清洗时宜用清水，避免用肥皂或碱性沐浴露，以免皮肤更加干燥。清洗后可以在乳房上涂抹一些身体乳。

（2）建议孕妇穿宽松、柔软的文胸，以减少胸部摩擦。

（3）如乳房胀痛，可采用热敷、按摩等方法缓解。

（六）腰背疼痛

在妊娠中晚期，孕妇的腹部压力会增加。为保持身体平衡，孕妇习惯采用后仰姿势，使得腰背肌肉长期处于紧张状态，从而引起腰背疼痛。家政服务员在日常照护孕妇时需要注意以下几点：

（1）指导孕妇在日常活动时注意减轻腰背负担。如孕妇腹部过重，可以建议孕妇在站立或行走时佩戴托腹带（图 5-4）。

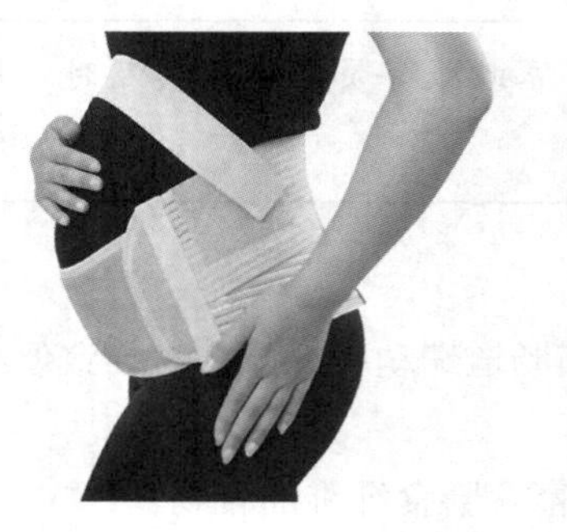

图 5-4　托腹带

（2）指导孕妇进行腰背部拉伸。

（3）如孕妇腰背疼痛加剧，应协助孕妇躺在硬床垫上休息，同时热敷疼痛部位，或者用按、揉、推压等方法按摩疼痛部位。

（七）下肢水肿、痉挛

子宫增大会压迫孕妇的下腔静脉，导致其下肢血液循环不畅，出现下肢水肿、痉挛，这种情况在妊娠晚期表现较为明显。家政服务员在日常照护孕妇时需要注意以下几点：

（1）鼓励孕妇每天进行适当运动，多晒太阳。

（2）如孕妇下肢痉挛，应协助其坐下或躺下，将下肢垫高，以促进下肢血液回流。

（3）热敷或按摩下肢。按摩时将孕妇双腿抬起，用手捏按孕妇的小腿，或者让孕妇

平躺，按住其膝盖，使其小腿伸直，进行足背屈。

（八）失眠

随着激素水平的变化和身体不适症状的加深，孕妇可能会产生焦虑情绪，严重者会失眠。家政服务员可以采用以下方法帮助孕妇缓解失眠症状：

（1）加强身体照护，采用热敷、按摩等方法帮助孕妇缓解身体不适症状。

（2）加强心理照护，鼓励孕妇进行户外活动，帮助其缓解焦虑情绪。

（3）在孕妇睡前为其准备温水泡脚，用木梳按摩孕妇的头皮，协助其入睡。

家政服务员在照护孕妇时，需要引导孕妇多观察自身的身体状况，如出现见红、腹痛、头晕、头痛、心悸、胸闷、气短、发热、胎动异常等症状，应视情况送其就医。

制订孕妇一日配餐方案

【任务描述】

雇主 B 目前处于妊娠中期，家政服务员 A 负责为其烹制营养膳食。请按照以下要求为雇主 B 制订一日配餐方案：① 参考表 5-6 的格式填写配餐方案的具体内容，需要说明每餐膳食中的菜肴名称和每道菜肴所用的食材；② 配餐方案可以满足孕妇妊娠中期的营养所需。

表 5-6　孕妇一日配餐方案

餐次	膳食内容
早餐	牛奶、番茄蛋汤（番茄、鸡蛋）、玉米
上午加餐	
午餐	
下午加餐	
晚餐	
备注：	

【实施流程】

（1）学生自由分组，每组 4 人，并选出小组长。

（2）小组成员分工查找相关资料，然后根据所得资料讨论可为雇主 B 准备哪些菜肴和主食。小组长汇总、整理讨论结果，将其形成配餐方案后提交给主讲教师。

（3）主讲教师对各小组进行点评。

任务二　产妇照护

任务导入

经过十月怀胎，王太太二胎的分娩过程非常顺利。但产后一周左右，王太太仍然面临着乳汁分泌不足的问题。由于喂养小明时并未出现这种问题，王太太开始感到焦虑，晚上也经常失眠。阿秀便经常安慰她，让她多休息，保持心情愉悦，以便更好地促进乳汁分泌。与此同时，阿秀也更加注重膳食搭配，每天都会为王太太准备一些催乳汤。经过心态调整、合理进食和充分休息后，王太太乳汁分泌渐趋正常。

思考：

（1）如何对产妇进行心理调适？

（2）如何进行产妇膳食照护？

（3）如何应对产妇乳汁分泌不足的问题？

产妇是指处于分娩期或产褥期的妇女。其中，产褥期是指从胎盘娩出到孕妇的生殖器官完全恢复的一段时间，一般持续 6～8 周。

一、产妇的生理和心理特征

通常情况下，家政服务员主要负责照护处于产褥期的产妇。在产褥期，产妇的生殖器官逐渐恢复，开始正式扮演新角色，因此其生理和心理特征与之前会有所不同。

（一）生理特征

产妇在产后会发生较大的生理变化，具体如表 5-7 所示。

表 5-7　产妇的一般生理特征

生理特征	具体表现
分泌乳汁	产后 7 天内分泌淡黄色的初乳，质稠，量少；产后 7～14 天分泌过渡乳；产后 14 天开始分泌白色的成熟乳
排出恶露	阴道排出瘀血、黏液、坏死脱膜组织等，主要分为以下三个阶段：① 产后开始排出暗红色的血性恶露，量多，伴有小血块和血腥味，持续 3～4 天；② 排出淡红色的浆液性恶露，持续 7～10 天；③ 排出白恶露，较黏稠，持续 3 周左右后消失
子宫复旧	子宫收缩，在产后 6～8 周时恢复至孕前大小
外阴恢复	产后外阴会因分娩出现水肿或裂伤，一般水肿会在产后 2～3 天消退，裂伤会在产后 3～5 天愈合

续表

生理特征	具体表现
排泄恢复	（1）尿量增多，易出现尿潴（zhū）留、尿路感染等，之后可逐渐恢复； （2）产后 1～2 天多不排便，之后逐渐恢复，可能会出现便秘、肠胀气甚至痔疮、肛裂等； （3）大量出汗，睡眠或初醒时较为明显，产后 1 周左右明显好转
腹部恢复	腹壁明显松弛，6～8 周后恢复；腹部的妊娠纹由紫红色变为银白色
盆底肌肉恢复	分娩会导致盆底肌肉的弹性和张力下降，出现水肿，产后 1 周左右明显好转
月经复潮	（1）不哺乳的产妇通常在产后 6～10 周月经复潮，10 周左右恢复排卵； （2）哺乳的产妇月经复潮会延迟，可能哺乳期一直不复潮，排卵一般在产后 4～6 个月恢复

尿潴留是指尿液在膀胱内无法排出的现象。如产妇出现尿潴留，应立即进行干预。

（二）心理特征

受激素水平下降、身体疼痛、身份转变等因素的影响，部分产妇在产后会出现较大的心理波动，通常需要花费一段时间进行心理调适。产妇的一般心理特征如表 5-8 所示。

表 5-8　产妇的一般心理特征

时间段	心理特征
产后 1～2 天	产妇刚经历分娩过程，在生理和心理上均承受了较大压力，一般会出现依赖、矛盾等心理特征
产后 3～4 天	（1）多数产妇会因为身体不适、照顾婴幼儿等产生负面情绪，如易哭、易怒、烦躁、沮丧等，一般会持续 10 天左右； （2）如负面情绪加重或持续时间较长，则可判断产妇可能患有不同程度的产后抑郁症
产后 2 周及以上	逐渐适应母亲身份，主动调整生活以适应婴幼儿的依赖，但仍可能偶尔出现紧张、烦躁、沮丧等负面情绪

小贴士

产后抑郁症是指产妇在产后出现的情绪低落、精神抑郁等情感障碍，通常表现为紧张、焦虑、注意力不集中、失眠、内疚、恐惧、悲观，甚至是绝望、离家出走、对孩子和丈夫产生敌意、自杀等。产妇患产后抑郁症的原因可能包括体内激素变化、身体疼痛、无法适应新身份、缺乏情感支持、经济压力较大等。

家政服务员需要及时关注产妇的心理状态，并采用以下方法对其进行心理调适：

（1）为产妇创造整洁、安静的环境。

（2）帮助产妇照顾婴幼儿，分担家务，以保证其在产后可以享有充足的睡眠。

（3）主动为产妇讲解产后身体保健和婴幼儿哺育的相关知识，协助产妇进行身体恢复和婴幼儿喂养。

（4）引导产妇主动倾诉，多与人交流，多参加户外活动，以宣泄负面情绪。

（5）给予鼓励，引导产妇建立正向的心理暗示，如“您的宝宝真漂亮！”“宝宝很喜欢您！”“您做得真好！”“第一次照顾宝宝，您已经非常棒了！”等。

（6）多关注产妇的身体和情绪状态，建议家庭成员给予更多关心。

二、产妇膳食照护

家政服务员在为产妇烹制膳食时，需要遵循膳食照护原则，了解相关膳食禁忌。

（一）膳食照护原则

1．食物多样，营养均衡

家政服务员为产妇烹制膳食时，需要注意以下几点：

（1）每天为产妇准备多样化的食物，确保产妇膳食营养均衡。根据中国哺乳期妇女平衡膳食宝塔（2022），产妇每天应摄入的食物如表 5-9 所示。家政服务员可采用粗细搭配、荤素搭配、准备小分量食物等方法实现食物多样化。

表 5-9　产妇每天应摄入的食物

食物类型	摄入量	备注
加碘盐	5 克	
油	25 克	
奶类	300～500 克	
大豆/坚果	25 克/10 克	
瘦畜禽肉	50～75 克	每周 1～2 次动物肝脏，总量达到 85 克猪肝或 40 克鸡肝
鱼虾类	75～100 克	
蛋类	50 克	
蔬菜类	400～500 克	每周至少 1 次海藻类
水果类	200～350 克	
谷类	225～275 克	全谷物和杂豆达到 75～125 克
薯类	75 克	
水	2 100 毫升	

（2）增加膳食中蛋白质的含量。每天宜选用 3 种及以上富含优质蛋白质的食物，如牛肉、鱼、牛奶等。

（3）增加膳食中钙的含量。产妇每天应摄入的钙量为 1 000 毫克。为了保证产妇摄入充足的钙，每天可以为其准备 500 毫升的牛奶，同时增加深绿色蔬菜、豆制品、虾皮、鱼、芝麻酱等富含钙的食物。

（4）增加膳食中水的含量。产妇每天应摄入大量水，以分泌足量乳汁，满足自身代谢的需要。因此，家政服务员每餐都应为产妇准备一份汤菜，如乌鸡汤（图 5-5）、丝瓜汤（图 5-6）等。汤量不宜过多，半碗至一碗即可。烹制时宜选择脂肪含量较低的食材，如鱼、去皮的禽肉、瘦排骨、紫菜、豆腐等，以免汤汁过于油腻。

图 5-5　乌鸡汤

图 5-6　丝瓜汤

2．健康烹饪，食物适量

为了避免产妇出现体重滞留（即产妇产后体重明显高于妊娠前体重的情况）问题，家政服务员应协助产妇进行产后体重管理，在烹制膳食时采用蒸、煮、炒、炖、焖等技法，同时保证总体食物量适中。

产妇产后体重每周下降 0.5 千克是较为安全的。

3．灵活配餐，及时调整

为产妇烹制膳食时，需要根据产妇的身体状况灵活配餐，具体如下：

（1）刚分娩的产妇食欲较差，宜为其准备清淡、易消化的食物。在产妇产后 1～2 天，应主要为其准备流食，后续可以根据产妇的身体状况逐渐过渡到普通膳食。

（2）顺产的产妇在产后即可进食。剖宫产的产妇在产后 6 小时后可以进食，此时不宜为其准备牛奶、豆制品、洋葱、甘薯等容易引起胀气的食物，以免产妇腹胀，影响伤口愈合。

（二）膳食禁忌

家政服务员应熟悉产妇的膳食禁忌（表 5-10），合理烹制膳食，并指导产妇培养正确的膳食习惯。

表 5-10　产妇的膳食禁忌

膳食禁忌	危害
过早或大量饮用猪蹄汤、鸡汤等催乳汤	促使产妇大量分泌乳汁，导致乳汁瘀滞于乳腺中，出现乳房胀痛
滋补过量	（1）导致产妇肥胖，患各种疾病； （2）导致婴幼儿消化不良，长期如此，会导致婴幼儿营养不良
过早吃硬的食物	导致产妇消化不良
吃高盐的食物	导致产妇体内水钠潴留，引起身体水肿
吃油腻、辛辣的食物	不利于产妇的身体恢复和婴幼儿的身体发育
吃生冷的食物	损伤产妇的脾胃，可能引起恶露不下、腹痛等症状
饮用含咖啡因的饮品	（1）导致产妇大脑兴奋，进而失眠； （2）导致婴幼儿过度兴奋，或出现肠痉挛
吸烟、饮酒	（1）影响产妇的乳汁分泌； （2）影响婴幼儿大脑发育

课堂互动

传统观念认为，产妇在产褥期不能吃蔬菜、水果，而应专吃鸡蛋、小米粥、红糖糯米饭、油炸糯米丸等食物。请问：这种观念正确吗？为什么？

三、产妇身体照护

（一）乳房照护

产妇可能会出现乳汁分泌不足、乳头破裂、乳房局部肿胀、乳房感染等问题。家政服务员应指导并协助产妇采取有效措施，预防出现以上问题。

母乳喂养的优点

1．鼓励母乳喂养

母乳喂养可以有效降低产妇产后出血、体重滞留和患乳腺癌的风险。家政服务员应主动为产妇讲解母乳喂养的好处，鼓励产妇进行母乳喂养。

2．预防乳汁分泌问题

家政服务员可以从以下几个方面指导产妇预防乳汁分泌问题：

（1）尽早让新生儿吸吮乳头。新生儿吸吮可以有效预防产妇出现乳汁瘀滞、乳汁分泌不足等问题。因此，在新生儿出生后一小时内，就可以指导产妇进行母乳喂养，通过新生儿的吸吮刺激乳汁分泌。

（2）在哺乳前按摩或热敷乳房，以刺激泌乳。常用的按摩方法如下：① 按摩乳头，

即用一只手托住乳房，另一只手轻轻挤压乳晕部分，然后用拇指、中指和食指夹住乳头后向外轻拉；② 按摩乳房，即用一只手托住乳房，另一只手从乳房基部向乳头方向轻按，直至疏通整个乳房的乳腺导管。

（3）培养正确的哺乳习惯，具体如下：① 采用正确的哺乳姿势。产妇坐或半躺在椅子上，用一只手抱住婴儿，使婴儿头部贴靠乳房，另一只手托住乳房基部，并用拇指和食指轻夹乳晕，将整个乳头和大部分乳晕送入婴儿口中，使婴儿下唇外翻、下颌贴近乳房。② 两侧乳房交替哺乳，以免两侧乳房大小不一。

（4）及时排空乳汁，以促进规律泌乳。如婴幼儿正在睡觉或未将乳汁吃完，可以用吸奶器（图 5-7）将乳汁吸出。

（5）善于调节情绪。部分产妇在乳汁分泌不足的情况下，容易出现焦虑情绪，进而影响睡眠。而睡眠不足又会加重乳汁分泌不足的问题，长此以往将形成恶性循环。家政服务员应及时对产妇进行心理疏导，指导其充分休息，缓解焦虑情绪。

图 5-7　吸奶器

3．乳房清洗和保养

家政服务员可以指导产妇采用以下方法清洗和保养乳房：① 每天用温水清洗乳房 1～2 次，注意不宜使用肥皂，以免导致乳头皴裂；② 如乳头已皴裂，可以清洗完后在乳房上涂抹适量芝麻油或蛋黄油；③ 穿透气、合身的文胸；④ 多做扩胸运动，以增强胸部肌肉的支撑力。

4．乳房异常症状照护

产妇在哺乳期内可能会出现乳头内陷、乳房感染等异常症状，家政服务员应根据不同情况予以照护。

（1）乳头内陷，即乳头凹陷于乳晕下方。乳头内陷不利于婴儿吸吮，容易造成乳汁瘀滞甚至乳房感染。如内陷情况不严重，乳头可以很好地挤出，家政服务员可以指导产妇经常用手指牵拉乳头；如内陷情况严重，则需要在医生指导下协助产妇照护乳房。

（2）乳房感染。产妇乳房感染的主要原因包括乳汁瘀滞、乳房清洗不到位、乳房皴裂或破损等，严重时会导致乳腺炎。家政服务员应及时辅助产妇疏通乳房，指导其正确清洗和保养乳房。如产妇乳房出现红肿、发热、刺痛等感染症状，家政服务员需要在医生指导下帮助产妇涂抹消炎药膏；如已发展为乳腺炎，应根据医嘱判定产妇是否需要暂停母乳喂养。

（二）身体恢复

产褥期产妇的身体恢复包括排出恶露、子宫复旧、规律排泄等。

1．排出恶露

为协助产妇正常排出恶露，家政服务员需要注意以下几点：

（1）指导产妇观察恶露排出情况，如出现恶露不下、恶露不绝、恶露散发臭味等情况，应在医生指导下进行科学照护。

（2）指导产妇采用半坐卧位（图 5-8），以促进恶露排出。如条件允许，可以让产妇下床活动。

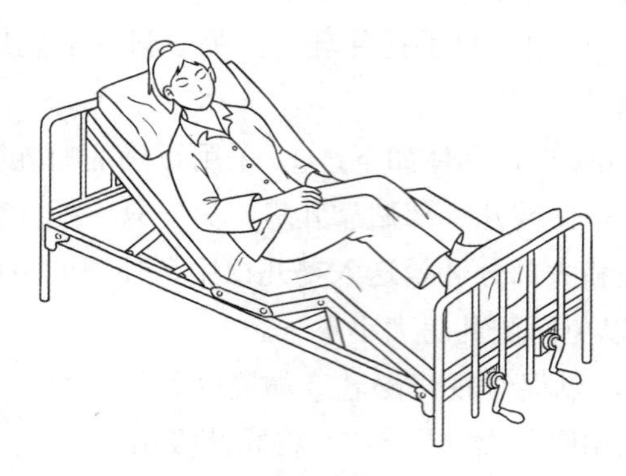

图 5-8 半坐卧位

（3）保证室内环境和被褥的卫生，指导产妇每天用温水清洗外阴，以免出现局部感染。

（4）指导产妇进行产后运动，促进子宫复旧，以防恶露不绝。

2．子宫复旧

为协助产妇加快子宫复旧，家政服务员需要注意以下几点：

（1）根据产妇的身体状况，鼓励其适当下床活动，可以指导并协助其进行一些盆底肌肉训练。

（2）在子宫复旧过程中，产妇可能会产生宫缩痛。此时可以指导产妇进行深呼吸，同时按摩或热敷产妇的下腹部。

3．规律排泄

产妇在产后极易出现排泄不畅的问题，家政服务员可以从以下几个方面协助其恢复：

（1）在产后 4 小时左右鼓励产妇尽早排尿。建议产妇先采用卧床排尿方式，如产妇不习惯卧床排尿，也可以视情况协助其下床排尿。如产妇排尿困难，可以建议产妇通过播放流水声、用温开水冲洗尿道口等方式刺激排尿。

（2）鼓励产妇多饮水，多吃蔬菜和水果，多运动，以预防或缓解便秘。

（3）产妇分娩后出汗较多，应提前为其准备厚度适宜的衣服和被褥，以免产妇着凉。此外，可指导或协助产妇用热水擦洗身体，勤换衣服。

（三）形体恢复

适当运动有利于产妇尽快恢复生理功能，预防体重滞留。家政服务员可以根据产妇的身体状况，鼓励其尽早下床活动，并逐渐增加活动强度。通常情况下，顺产的产妇在产后当天即可下床活动，第二天可以做一些低强度的产褥期保健操；剖宫产的产妇在产后第二天即可下床活动。家政服务员应协助产妇进行低强度的运动项目，如散步、产褥期保健操等。

1．散步

散步有助于产妇尽快排出恶露，有效预防便秘。家政服务员可建议产妇在身体允许的情况下每天散步 30 分钟左右。如产妇在散步过程中感到劳累，应建议其立即休息。

2．产褥期保健操

练习产褥期保健操（图 5-9）可以帮助产妇有效锻炼盆底、腰背等部位的肌肉，从而加快形体恢复。

图 5-9　产褥期保健操

家政服务员在指导和协助产妇练习产褥期保健操时，需要注意以下几点：

（1）熟悉动作要领。

第 1 节：仰卧，深吸气，收腹部，然后呼气。

第 2 节：仰卧，双臂放于身旁，深吸气的同时收缩阴道和肛门，然后呼气放松。

第 3 节：仰卧，双臂放于身旁，双腿轮流上举或并举，使双腿与上身成直角。

第 4 节：仰卧，双臂放于身旁，双腿稍稍分开，微曲膝盖，脚底踩在床面上，抬高臀部和背部，用双肩和双脚支撑身体。

第 5 节：仰卧起坐。

第 6 节：跪姿，双膝分开，上臂与床面垂直，前臂和双手平放在床面上，腰部左右转动。

第 7 节：跪姿，双手支撑在床面上，左右腿交替向背后高举。

（2）根据产妇的身体状况，逐渐增加运动强度。通常情况下，顺产的产妇可在产后第二天，剖宫产的产妇可在产后一周左右，开始练习第 1～2 节，之后每 1～2 天增加 1 节，每节做 8～16 次。

任务实施

产褥期保健操练习

【任务描述】

雇主 B 已顺产一周。为了预防雇主 B 产后体重滞留，家政服务员 A 每天会指导并协助雇主 B 练习产褥期保健操。请模拟家政服务员指导产妇练习产褥期保健操的过程。

【实施流程】

（1）学生自由分组，每组 3 人。

（2）小组成员根据任务描述准备练习过程中所需的物品。

（3）各小组中一人扮演家政服务员 A，一人扮演雇主 B，一人负责将产褥期保健操的练习过程拍摄成视频，并将视频简单加工后提交给主讲教师。

（4）主讲教师对各小组进行点评。

任务三 婴幼儿照护

任务导入

王太太二胎生了一个可爱的女宝宝，名叫小月。由于王太太产后身体较为虚弱，小月在出生后基本都由阿秀负责照护，包括洗澡、如厕和睡觉等。每天晚上，阿秀都会用温水仔细擦洗小月的身体，给她换上干净、舒适的衣服和纸尿裤，然后将她放在王太太床边的婴儿床上。阿秀还会给小月哼唱一些儿歌，以帮助她安心入睡。

思考：

（1）如何进行婴幼儿睡眠照护？

（2）如何给婴幼儿洗澡？

婴幼儿是指从出生到学龄前的个体，通常包括婴儿和幼儿。

一、婴幼儿的生理特征

与成年人不同，婴幼儿的各个生理系统均未发育完善，其一般生理特征如表 5-11 所示。

表 5-11 婴幼儿的一般生理特征

项目	生理特征	照护须知
体重	（1）出生后的前 3 个月增速最快，之后逐渐减缓； （2）刚出生时平均体重为 3 千克左右，1 岁时体重为 9～11 千克，学龄前每年增加 2～3 千克	定期测量婴幼儿的体重、身长或身高、头围的生长发育情况，以判断婴幼儿的健康状况
身长或身高	（1）1 岁内增速最快，之后逐渐减缓； （2）第 1 年平均增长 25 厘米，第 2 年平均增长 10 厘米	
头围	（1）出生后的前 3 个月增速最快，之后逐渐减缓； （2）刚出生时，平均头围为 34 厘米左右，1 岁时约为 46 厘米；1 岁以后，平均每年增长 1～2 厘米	

续表

项目	生理特征	照护须知
呼吸系统	（1）刚出生时，鼻腔短小、狭窄，容易堵塞； （2）呼吸频率较快，容易出现呼吸道感染	（1）引导婴幼儿用鼻呼吸； （2）及时清理鼻腔，以免堵塞； （3）保持室内空气清新
消化功能	消化功能较弱，具体表现如下： （1）唾液分泌较少； （2）咀嚼功能较弱，出生6个月后乳牙开始萌出，2～3岁时乳牙全部萌出； （3）胃部容量小，随年龄增长而不断增大，易出现胃肠功能紊乱，出现呕吐、腹泻等症状	制订合理的喂养方案
神经系统	（1）刚出生时就具备觅食反射、吸吮反射、吞咽反射、巴宾斯基反射等非自主行为，随着神经系统逐渐发育完善，多数反射行为会自行消失； （2）平衡力、控制力较弱，随年龄增长会逐渐增强； （3）大脑发育快，幼儿期语言能力和记忆力逐渐增强	（1）观察婴幼儿反射行为，判断是否存在神经系统受损的情况； （2）全程看护，避免出现意外情况； （3）看护过程中可以进行语言刺激
免疫系统	免疫力差，皮肤、黏膜娇嫩，易患湿疹、皮炎等皮肤病	避免前往病原微生物较多的场所，及时进行家居保洁和消毒
感知功能	（1）视觉：能够分辨颜色和图案（尤其是人脸），2岁左右可接近成年人水平； （2）听觉：出生后2～7天有听觉，2～4周专注听外界声音，内耳较娇嫩，不宜受噪声刺激； （3）触觉：手心、脚心和脸部的触觉敏感	（1）采用颜色刺激、轻声对话、抚触等方法提高婴幼儿的感知功能； （2）减少噪声 扫一扫 如何给婴幼儿做抚触
排泄功能	（1）多数婴幼儿在出生当天即可排便，早期排便次数较多，4～6月龄时与成年人类似； （2）排便控制力弱，50%的婴幼儿在2～3岁时可自主控制，多数在5岁左右基本学会控制夜尿； （3）新陈代谢快，出汗较多	（1）及时观察是否有排便、出汗异常的情况； （2）避免让婴幼儿过多奔跑，随身携带水和毛巾
动作发展	（1）1岁以内逐渐学会手部动作、爬行、坐立、站立等； （2）2～3岁时可以自主行走，双手操作更加熟练，如学会穿衣、吃饭	（1）引导婴幼儿完成动作训练； （2）加强安全照护

测量婴幼儿的生长发育情况时，可参考《7岁以下儿童生长标准》（WS/T 423—2022）。测量频次如下：① 在婴幼儿0～6月龄时，宜每月测量一次；② 在婴幼儿7～24月龄时，宜每3个月测量一次；③ 在婴幼儿2岁以后，可每半年测量一次。

巴宾斯基反射是指当足底被触摸时，婴幼儿会做出脚趾呈扇形样张开然后向内弯曲的动作，如图5-10所示。该反射一般在婴幼儿8～12月龄时消失。

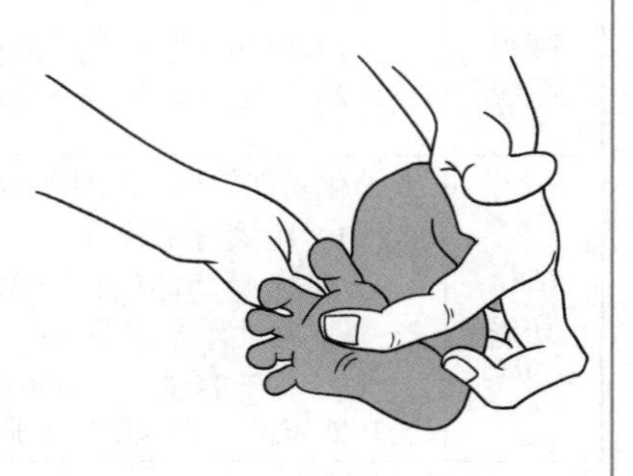

图5-10　巴宾斯基反射

二、婴幼儿膳食照护

（一）分年龄段制订喂养方案

针对不同年龄段的婴幼儿，应制订不同的喂养方案。

1．0～6月龄

对于0～6月龄的婴幼儿，宜采用纯母乳喂养的膳食模式。母乳是婴幼儿最佳的食物，可以补充0～6月龄婴幼儿所需的全部营养。家政服务员需要指导产妇正确进行母乳喂养，具体如下：

（1）在婴幼儿出生1小时内，尽早让其吸吮母乳。

（2）按需喂养，不强求喂奶次数和时间，但在婴幼儿出生后的最初阶段需每天哺乳10次以上。

（3）每次哺乳时间不宜超过20分钟。

（4）不宜喂食除母乳外的任何食物，包括水和其他辅食。

（5）在婴幼儿出生后数日，若采用纯母乳喂养，应每天为其补充10微克维生素D，无须补钙。

（6）如产妇无法进行母乳喂养，应遵医嘱为婴幼儿制订合适的膳食方案。

小贴士

不宜直接用普通液态奶、成年人和普通儿童奶粉、蛋白粉、豆奶粉等喂养0～6月龄的婴幼儿。

2．7～24月龄

对于7～24月龄的婴幼儿，宜采用母乳喂养和辅食喂养相结合的膳食模式。家政服务

员在烹制辅食时，需要注意以下几点：

（1）每天为婴幼儿准备多样化的食物。根据中国7～24月龄婴幼儿平衡膳食宝塔（2022），7～24月龄婴幼儿每天应摄入的食物如表5-12所示。

表5-12　7～24月龄婴幼儿每天应摄入的食物

食物	7～12月龄	13～24月龄	备注
盐	不建议额外添加	0～1.5克	
油	0～10克	5～15克	
蛋类	15～50克 （至少1个鸡蛋黄）	25～50克	
畜禽肉鱼类	25～75克	50～75克	
蔬菜类	25～100克	50～150克	
水果类	25～100克	50～150克	
母乳	700～500毫升	600～400毫升	逐渐减量，过渡到以谷类为主食
谷类	20～75克	50～100克	

（2）添加辅食时应注意循序渐进，由少到多、由稀到稠、由细到粗。不同时期宜添加的辅食如表5-13所示。

表5-13　不同时期宜添加的辅食

年龄	辅食类型	每天辅食频次	平均每餐进食量（除母乳之外）
6～9月龄	富含铁、易消化且不易致敏的食物，如稠粥、蔬菜泥、水果泥、蛋黄、肉泥、肝泥等	1～2次	从2～3勺逐渐增加到1/2碗（250毫升的碗，下同）
9～12月龄	在上述基础上添加畜禽肉、鱼、动物肝脏和动物血等	2～3次	1/2碗
12～24月龄	基本与成年人相同	3次正餐 2次加餐	3/4碗到1整碗

（3）为避免婴幼儿产生呕吐、腹泻、皮肤瘙痒等不适症状，每次仅添加一种食物，待婴幼儿适应2～3天后再添加新的食物。

（4）健康烹饪。尽量保留食物的原味，在婴幼儿12月龄内不宜添加盐、糖等调味品，之后可以逐渐增加一些口味清淡的家庭膳食。

给婴幼儿喂辅食的注意事项

根据中国营养学会发布的《7～24月龄婴幼儿喂养指南》，家政服务员在给婴幼儿喂辅食时，需要注意以下几点：

（1）采用回应式喂养方式，注意观察婴幼儿发出的饥饿或饱腹信号，不强迫其进食。引导婴幼儿逐渐从被动接受喂养转变为自主进食。

（2）注意进食安全。不宜将整粒的坚果或果冻喂给婴幼儿，以免引起婴幼儿呼吸道堵塞。婴幼儿进食时应全程看护，以免出现意外情况。

3．2～5岁

2～5岁婴幼儿的咀嚼功能和胃肠功能已逐渐发育完善，宜采用以谷类为主食的膳食模式。家政服务员在烹制膳食时，需要注意以下几点：

（1）保证食物多样化。根据中国学龄前儿童平衡膳食宝塔（2022），2～5岁婴幼儿每天应摄入的食物如表5-14所示。

表5-14　2～5岁婴幼儿每天应摄入的食物

食物	2～3岁	4～5岁	备注
盐	<2克	<3克	
油	10～20克	20～25克	
奶类	350～500克	350～500克	
大豆	5～15克	15～20克	需适当加工
坚果	—	适量	需适当加工
蛋类	50克	50克	
畜禽肉鱼类	50～75克	50～75克	
蔬菜类	100～200克	150～300克	
水果类	100～200克	150～250克	
谷类	75～125克	100～150克	
薯类	适量	适量	
水	600～700毫升	700～800毫升	

（2）增加膳食中蛋白质、钙和水的含量。

（3）少量多餐，定时定量。每天准备三次正餐和两次加餐，尽量固定配餐时间。加餐的食物应以奶类、水果、坚果为主，可以添加少量松软的面点，不宜选择高盐、高脂肪、高糖的食物。

（4）健康烹饪。多采用蒸、炖、煮等技法，合理控制盐和糖的用量，不用味精、鸡精、辛辣调味品等。

如何引导婴幼儿培养良好的就餐习惯

根据卫生健康委制定的《3岁以下婴幼儿健康养育照护指南（试行）》，可从以下几个方面引导婴幼儿培养良好的就餐习惯：

（1）鼓励婴幼儿自己使用勺子或筷子进食。

（2）引导婴幼儿培养细嚼慢咽、专注进食的习惯，将每次就餐的时间控制在20分钟左右，不宜超过30分钟。

（3）及时纠正婴幼儿挑食、偏食和过量进食的习惯。

（4）在婴幼儿正确就餐后，及时予以表扬。

（二）注意膳食卫生

为避免婴幼儿感染疾病，家政服务员需要特别注意婴幼儿的膳食卫生，具体如下：

（1）合理存放和使用母乳。如产妇外出或母乳过多，应将母乳装进干净的储奶袋中，然后放入冰箱内冷藏或冷冻。在喂食前，应将母乳隔水加热到40 ℃左右。

（2）保证食物卫生。选择干净、新鲜的食物，将食物加热至熟后再提供给婴幼儿食用。冲配奶粉、烹制食物和喂食前，需要洗净双手。

（3）及时将婴幼儿的奶瓶和餐具洗净并消毒。每次使用后都要彻底清洗，并放在消毒柜中消毒，或者放入沸水中煮5分钟。

三、婴幼儿睡眠照护

家政服务员在进行婴幼儿睡眠照护时，需要注意以下几点：

（1）了解婴幼儿的睡眠特征，具体如表5-15所示。

表5-15　婴幼儿的睡眠特征

年龄	每天推荐睡眠时间/小时	睡眠习惯
0～3月龄	13～18	片段式睡眠，不区分白天和晚上
4～11月龄	12～16	逐渐养成规律的睡眠习惯
1～2岁	11～14	睡眠时间缩短，养成夜间睡眠的习惯，午休时间过长会影响夜间睡眠
3～5岁	10～13	多数人已具备自主入睡的能力，午休时间缩短

（2）创造舒适的睡眠环境。保证睡眠场所空气清新、温度适宜（以 20～30 ℃为宜），减少强光和噪声干扰。准备厚度适中的被褥和枕头，不宜在婴幼儿的床上放置过多玩具、衣物等，以免导致婴幼儿窒息。

（3）引导婴幼儿养成规律的睡眠习惯。在保证睡眠时间充足的同时，应确保婴幼儿每天入睡的时间不晚于 21:00。

（4）保证婴幼儿睡前处于安静状态，可以唱儿歌、讲故事。

（5）指导婴幼儿采用合适的睡眠姿势。早期宜采用仰卧位，直至婴幼儿可以自行变换睡眠姿势。

（6）鼓励婴幼儿独自入睡。如婴幼儿有分离焦虑，可允许其抱安慰物（如毛绒玩具）入睡。

（7）如婴幼儿出现啼哭、夜醒等行为，应及时安抚。

四、婴幼儿盥洗和如厕照护

（一）盥洗照护

婴幼儿盥（guàn）洗照护主要包括口腔护理和洗澡。

1．口腔护理

家政服务员应根据婴幼儿的年龄选择合适的口腔护理方法，具体如表 5-16 所示。

表 5-16　婴幼儿口腔护理方法

年龄	口腔护理方法
6 月龄～2 岁	（1）用软布或指套牙刷（图 5-11）刷洗婴幼儿的牙龈和牙齿； （2）帮助婴幼儿在饭后或进食甜点、水果后用清水漱口，以保持口腔清洁
2～3 岁	在成年人的帮助下用软毛牙刷刷牙
3 岁及以上	培养自主刷牙习惯，开始使用牙膏，牙膏用量为绿豆大小

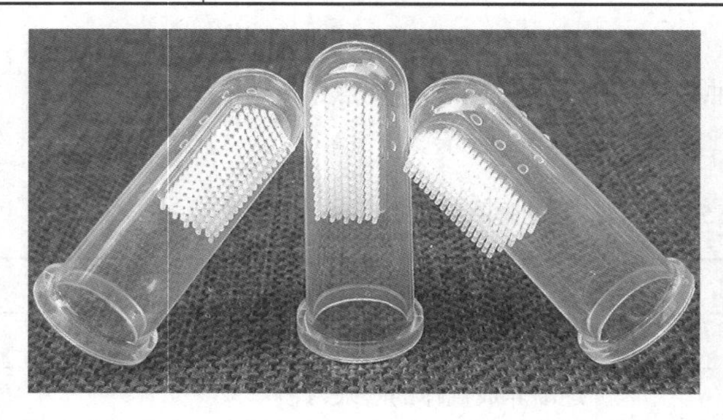

图 5-11　指套牙刷

2．洗澡

婴幼儿皮肤娇嫩，容易感染细菌，如条件允许，宜经常为其洗澡。

（1）洗澡准备：① 将水温调至 40 ℃左右，室温控制在 23～27 ℃；② 准备好洗澡所需物品，包括婴儿浴盆（图 5-12）、干净衣服、2～3 条软毛巾、浴巾、纸尿裤（片）等。

给婴幼儿洗澡的注意事项

（2）洗澡步骤：① 将婴幼儿放入浴盆中，确保其头部在水面之上，同时护好两侧耳朵，以防溅入洗澡水；② 用软毛巾依次擦洗婴幼儿的脸部、头部、颈部、腋下、手臂、手部、胸部、鼠蹊（qī）部、腿部等部位；③ 擦洗完后立即用浴巾将婴幼儿包裹住，以吸干水分；④ 擦干婴幼儿的颈部、腋下等褶皱处；⑤ 若婴幼儿需要穿纸尿裤（片），应为其穿上干净的纸尿裤（片）和衣服。

（3）注意事项：① 用力轻柔，不宜用力擦拭；② 如婴幼儿脐带未脱落，洗澡时应注意保持其肚脐周围干燥，可以在洗澡前给婴幼儿贴上护脐贴（图 5-13）。

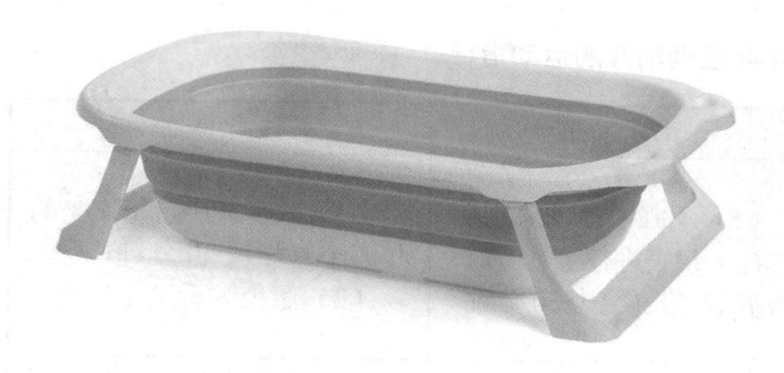

图 5-12　婴儿浴盆

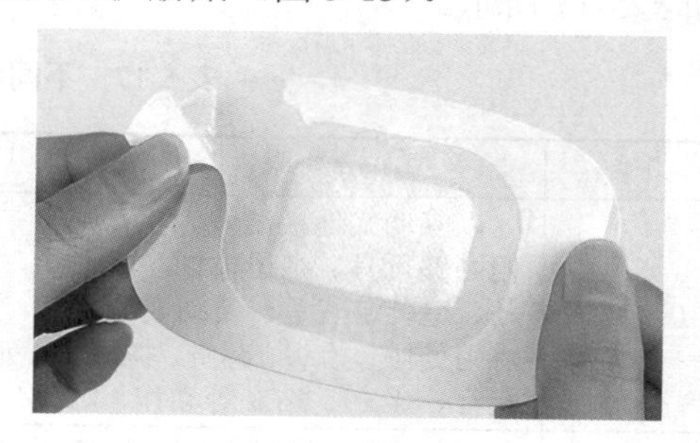

图 5-13　护脐贴

在为婴幼儿洗澡时，若婴幼儿哭闹不止，家政服务员应如何处理？

（二）如厕照护

婴幼儿如厕照护主要包括更换纸尿裤（片）和引导培养如厕习惯等。

1．更换纸尿裤（片）

为婴幼儿更换纸尿裤（片）的一般步骤如下：

（1）让婴幼儿仰卧在婴儿护理台（图 5-14）或床上。

（2）解开脏的纸尿裤（片），提起婴幼儿的双腿后将纸尿裤（片）取下，用柔软的卫生纸将其会阴和臀部擦拭干净，再用柔软的湿毛巾擦洗干净并擦干。

（3）待婴幼儿臀部晾干后，在其臀部下方铺上新的纸尿裤（片），然后放下双腿，将纸尿裤（片）穿戴整齐。

图 5-14　婴儿护理台

2．引导培养如厕习惯

家政服务员应循序渐进地引导、培养婴幼儿的如厕习惯，在引导过程中需要注意以下几点：

（1）在婴幼儿 4～6 月龄时，采用吹口哨等方法引导其定时排便，以使其养成规律排泄的习惯。

（2）在婴幼儿 2 岁左右时，引导其自主控制排便，同时指导其学习使用便器。

五、婴幼儿运动指导和安全照护

（一）运动指导

合理运动可以促进婴幼儿神经、骨骼和肌肉的发育，增强婴幼儿的平衡能力、控制能力和耐力等。家政服务员应根据婴幼儿的身体发育情况引导其进行合适的运动，具体如表 5-17 所示。

表 5-17　不同年龄段婴幼儿的运动指导

年龄	运动项目	运动时间	注意事项
0～1 岁	以互动式地板游戏为主，如俯卧够玩具、亲子瑜伽、骑大马、追爬游戏等，帮助婴幼儿练习俯卧、抬头、翻身、抓握、爬行、坐立、站立等动作	（1）不强求运动时间；（2）每天进行 1～2 次户外活动，每次至少 30 分钟	（1）减少久坐，每次坐的时间不宜超过 30 分钟；（2）避免观看电子屏幕
1～3 岁	（1）以中低强度的身体活动为主，动静交替，室内活动与户外活动相结合；（2）以趣味游戏为主，如滑滑梯、攀爬、钻爬、走小斜坡、绕障碍跑圈、扔球、踢球、搭积木等	每天累计运动时间达到 180 分钟	（1）不宜太早或太晚进行户外活动；（2）避免 2 岁以下婴幼儿观看电子屏幕；2～3 岁婴幼儿每次观看电子屏幕的时间不超过 20 分钟，每天累计不超过 60 分钟
3～6 岁	可进行中高强度的趣味运动，如投掷、攀登、模仿操、韵律操等	户外活动时间至少达到 120 分钟，中等及以上强度运动的时间至少达到 60 分钟，每天累计运动时间至少达到 180 分钟	（1）减少久坐，每次坐的时间不宜超过 60 分钟；（2）每天观看电子屏幕的时间累计不超过 60 分钟

（二）安全照护

婴幼儿的自身防护能力较弱，家政服务员在照护时需要创造安全的家居环境，加强外出安全照护，规范照护行为。

1．创造安全的家居环境

（1）及时排查和清除婴幼儿活动区域内存在的危险物品，包括尖锐物品、可放入口鼻内的小件物品、可包裹头部的塑料袋、药品、化学用品等。

（2）做好家居防护。建议家庭成员安装家具防护角（图 5-15）、床边和窗边的护栏、婴幼儿活动区域的围栏等。

图 5-15　家具防护角

（3）定期对婴幼儿的玩具和日常用品进行消毒，以降低致病风险。

2．加强外出安全照护

家政服务员带婴幼儿出门时，需要注意以下几点：

（1）为婴幼儿穿上厚度适宜的衣服和鞋袜，带上备用衣服和防蚊虫药品等。

（2）带婴幼儿乘车和就餐时，应让其坐在安全座椅上。

（3）远离危险区域，如水边、吸烟区等。

3．规范照护行为

在照护婴幼儿时，家政服务员需要做到以下几点：

（1）专心照护。及时关注婴幼儿的状态，不宜玩手机或做其他非必要的事情。

（2）近距离照护。不宜离婴幼儿太远，也不能让其处于无人照护的状态。

（3）进行安全示范。引导婴幼儿识别危险，增强安全意识，遵守安全规则，不做危险动作。

月嫂是本“百科全书”

近年来，随着消费需求的变化，家政公司对月嫂的要求也越来越高。当前，月嫂不仅要“会干活、会唠嗑”，还要“会催乳、会按摩、会做饭”，掌握营养学、乳房护理学、小儿推拿学、心理学等多个领域的理论知识和实践经验。很多家政公司也在不断加强月嫂培训，邀请医护人员、营养学专家等授课，帮助月嫂掌握专业的护理技能。例如，在给婴幼儿洗澡时，每个动作都需要经过严格的训练。此外，月嫂还需要学习哼唱儿歌，以锻炼婴幼儿的听觉。

由此可见，家政服务业正逐步向规范化、职业化、专业化方向发展，而月嫂也逐渐发展为全能型岗位。现在，月嫂既是护工，也是营养师，更是育儿师，堪称家政服务业的“百科全书”。

资料来源：北京商报网

模拟婴幼儿盥洗照护过程

【任务描述】

家政服务员 A 需要帮雇主 B 的小宝宝（刚满月）洗澡并换上干净的纸尿裤和衣服。请按要求模拟婴幼儿盥洗照护的过程。

【实施流程】

（1）学生根据任务描述准备所需物品（可用合适大小的玩偶充当婴幼儿）。

（2）每个学生按要求为婴幼儿洗澡并更换纸尿裤和衣服。

（3）主讲教师对学生进行点评。

任务四　老年人照护

任务导入

为了探望刚出生的外孙女，王太太的父亲刘先生来家里住了几天。其间，阿秀考虑到刘先生患有高血压，便特意为他烹制低脂肪、低盐的食物，刘先生因此埋怨阿秀不会做饭。阿秀感到有点委屈，但想到刘先生是老年人，可能喜欢重口味的膳食，便耐心向他解释，告知低脂肪、低盐的食物更有益于他的身体健康。刘先生认为阿秀考虑得很周到，开始慢慢接受淡口味的膳食。与此同时，刘先生还会主动让阿秀协助他做一些有氧运动。

思考：

（1）如何进行老年人膳食照护？

（2）如何指导老年人运动？

（3）照护患有高血压的老年人时，应注意哪些事项？

在我国，老年人通常是指 60 岁及以上的人群。

一、老年人的生理和心理特征

（一）生理特征

随着年龄的增长，老年人各方面的生理功能逐渐衰退，具体如表 5-18 所示。

表 5-18　老年人的一般生理特征

生理功能	特征
感知能力	（1）视力下降，视野变窄，看近处物体模糊，无法阅读较小的文字，色调分辨能力和夜间视物能力减弱； （2）听力下降，难以判断声源位置、区分说话声和嘈杂声、听清他人说话内容； （3）辨味能力减退，更喜欢重口味的膳食
消化功能	消化功能减退，具体表现如下： （1）牙齿老化、脱落，导致咀嚼功能下降； （2）唾液分泌量减少； （3）胃肠脆弱，容易出现消化不良的情况
排泄功能	膀胱容量变小，导致出现尿频、尿失禁等情况，部分老年人会出现夜尿增多的情况
行动能力	（1）肌肉量和骨量减少，四肢力量减退，常患有骨质疏松症、关节炎等疾病； （2）灵活性降低，平衡能力下降，容易跌倒

此外，老年人常常患有慢性病。因此，家政服务员应加强老年人日常生活照护，指导其进行科学运动，以减缓生理功能衰退的速度。

（二）心理特征

年龄的增长和生理功能的衰退会直接影响老年人的心理特征。在照护老年人时，家政服务员需要关注其心理状态，及时进行心理疏导。老年人的一般心理特征如表 5-19 所示。

表 5-19　老年人的一般心理特征

心理特征	可能原因
认知功能下降	记忆力、语言能力、注意力等下降
内心孤独	缺乏子女的陪伴和关心
缺乏安全感	（1）担忧自身身体健康、家庭经济和生活保障、个人护理保障等； （2）不适应生活环境和社会角色等的变化
满意度下降	生活习惯固化、认知功能下降等导致老年人难以接受和学习新的生活方式
内疚、抑郁	（1）缺乏陪伴； （2）生理功能衰退，罹（lí）患疾病； （3）认为自己给他人、家庭、社会增加了负担

家政服务员在为老年人提供心理照护服务时，需要注意以下几点：

（1）为老年人读书、读报，指导其进行运动训练和言语训练，以改善其认知功能。

（2）多与老年人交流，鼓励其表达内心的想法和感受，充分了解其心理需求。及时进行心理疏导，以减轻或消除老年人的负面情绪。

（3）尊重老年人的生活习惯，理解老年人的负面情绪，以平和的心态对待老年人的唠叨和挑剔。

（4）鼓励老年人培养个人兴趣，如唱歌、跳舞、练习书法、养花等。

（5）为老年人多安排一些户外集体活动，加强其与外界的交流。

二、老年人日常生活照护

老年人日常生活照护一般包括膳食照护、清洁照护、排泄照护、睡眠照护、移动照护等。下面主要介绍如何进行膳食照护和睡眠照护。

（一）膳食照护

家政服务员在为老年人烹制膳食时，需要注意以下几点。

1．合理配餐，食物多样

（1）合理选择主食。除米饭、馒头外，还可将小米、玉米、荞麦、燕麦、甘薯等作为老年人的主食。

（2）每天为老年人准备动物性食物 120～150 克。其中，畜禽肉、鱼类、蛋类均为 40～50 克。

（3）每天为老年人准备 300 克以上的蔬菜，尽量做到每餐都有蔬菜，尤其是深色蔬菜，如菠菜、紫甘蓝等。

（4）每天为老年人准备不同类型的水果。注意不能用蔬菜代替水果。

（5）每天为老年人准备充足的豆制品（相当于 15 克大豆的推荐水平）。

（6）每天为一般老年人准备 300～400 毫升的鲜牛奶（或蛋白质含量相当的奶制品），为 80 岁及以上的高龄老年人准备 300～500 毫升的液态奶（或蛋白质含量相当的奶制品）。

如老年人患有疾病，家政服务员应遵医嘱为其准备合适的膳食。

2．健康烹饪，增强食欲

在烹制膳食时，宜采用炖、煮、蒸、烩、焖、烧等技法。充分考虑老年人的口味，尽量丰富食物的颜色和风味，以增强老年人的食欲。

此外，在为牙口不好的老年人烹制膳食时，应注意选择质地细软的食材，并尽量将其煮软烧烂，制成软饭、稠粥、烂面、肉糜、肉羹、坚果碎、果汁等。

3．定时定量，少量多餐

家政服务员应注意引导老年人养成规律就餐的习惯，每天可以准备三次正餐和两次加餐。对高龄老年人来说，早餐时间宜为 6:30—8:30，午餐时间宜为 11:30—12:30，晚餐时间宜为 17:30—19:00。

睡前不宜为老年人准备食物，以免老年人积食。

4．鼓励参与，协助进餐

家政服务员应注意提升老年人的参与感，营造良好的进餐氛围，让老年人心情愉悦地进餐。具体方法如下：① 烹制膳食时，可以让老年人参与挑选食材，烹制、品尝和评价菜肴；② 建议家庭成员和老年人共同就餐，以活跃进餐气氛。

对于无法自主进餐的老年人，家政服务员应予以协助，具体如下：① 根据老年人的身体状况，协助其采用坐位、半坐卧位或右侧卧位等合适体位；② 保证食物温度适宜，以防老年人烫伤；③ 协助老年人进餐时速度不宜过快，应待其吃完一口后再喂下一口；④ 注意观察老年人有无呛咳、误吸的情况，对于吞咽障碍者，还需要关注其吞咽食物的情况，避免口腔内有食物残留。

5．监测体重，灵活配餐

家政服务员在烹制膳食时需要考虑老年人的体重变化。如老年人体重过重、过轻或体重下降过快，应及时调整膳食方案，同时视情况送其就医。

老年人的 BMI 为 20.0～26.9 千克/米^{2}较为适宜。下面列举了 3 位老年人的身高和体重，请结合所学知识判断每位老年人的体重是否适宜。

（1）老年人 A：身高 175 厘米，体重 65 千克。

（2）老年人 B：身高 160 厘米，体重 40 千克。

（3）老年人 C：身高 155 厘米，体重 70 千克。

（二）睡眠照护

老年人每天的睡眠时间宜为 7～8 小时，但多数老年人的睡眠时间仅为 5～7 小时，同时可能伴有入睡难、睡眠浅、睡眠片段化等睡眠障碍。家政服务员在为老年人提供睡眠照护服务时，需要注意以下几点。

1．创造舒适的睡眠环境

家政服务员可以采用以下方法为老年人创造舒适的睡眠环境：

（1）睡前开窗通风一次，保持室内空气清新。

（2）保持室内温湿度适宜。

（3）保持室内光线昏暗，无噪声。

（4）确保被褥厚度适中。

（5）勤换床单、被套，勤晒被褥。

2．监测睡眠情况

家政服务员可以采用询问、观察等方式监测老年人的睡眠情况，包括入睡情况、睡眠时长、做梦情况、白天的精神状况、助眠药品使用情况等。

如老年人存在睡眠异常情况，家政服务员可以询问出现异常情况的原因，及时调节老年人的负面情绪，并将睡眠情况告知相关家庭成员，视情况送其就医。

3．协助改善睡眠

家政服务员可以采用以下方法协助老年人改善睡眠情况：

（1）协助老年人养成规律作息的习惯。提醒老年人按时就寝和起床，可以适当为老年人安排日间活动，以减少老年人白天的睡眠时间。

（2）在老年人睡前为其准备 40 ℃左右的温水泡脚，或播放舒缓的音乐，以帮助其更快入睡。

（3）建议老年人睡前减少饮水量，以免夜尿干扰睡眠。

（4）建议老年人使用眼罩、耳塞辅助睡眠，以减少强光和噪声的干扰。

（5）遵医嘱协助老年人正确使用助眠药品。

三、老年人运动指导和安全照护

（一）运动指导

适度运动可以帮助老年人延缓肌肉、关节、骨骼等的老化速度，促进血液循环，有效预防关节僵硬、变形和肌肉萎缩。家政服务员可以协助和指导老年人进行日常活动训练或专项运动训练。

1．日常活动训练

对于需要长期卧床或坐轮椅的老年人，家政服务员应协助其每天进行日常活动训练。常见的训练项目如表 5-20 所示。

表 5-20　老年人日常活动训练的常见项目

项目	操作要求
肢体活动训练	协助老年人完成上肢活动（如上肢伸肘、肩关节前屈上举、屈腕、握拳、伸掌等）和下肢活动（如抬腿、抬臀、伸足、踏步等）
更换衣服训练	协助老年人完成穿脱衣服的过程，穿脱上衣时宜采用坐位，穿脱裤子时宜采用卧位
体位转移训练	协助老年人完成从躺卧到坐立、从床上到椅子上、从坐立到站立等转移训练
平衡训练	协助老年人采用坐位或站位，身体重心向左、右移动，再向前、后移动，最后回到中立位
站立、行走训练	（1）协助老年人扶物或独自站立、行走； （2）如老年人下肢力量较弱，可以让其采用坐位，然后抬高膝关节，进行踏步练习，以增强下肢力量

家政服务员在协助和指导老年人进行日常活动训练时，需要注意以下几点：

（1）做好活动前的准备工作，提前修剪指甲、洗净双手，保持手部温暖。

（2）根据老年人的身体状况设定合适的活动强度，训练时注意循序渐进，宜由易到难、由上肢到下肢。

（3）凡是老年人能独立完成的活动，应尽量让其独立完成；如老年人无法独立完成，

则应协助其进行被动活动。

（4）如老年人肢体存在损伤，训练时应注意保护患处。例如，穿上衣时应先穿患侧上肢，再穿健侧上肢。

（5）详细讲解动作要领，并及时纠正老年人的错误姿势。

（6）如遇到老年人不配合的情况，应及时予以安慰、鼓励和夸奖，以提高其积极性。

（7）如老年人出现不适症状，应及时停止训练。

2．专项运动训练

对于可以正常行走的老年人，家政服务员可以指导其进行专项运动。一般运动项目如下：① 有氧运动，如原地高抬腿、快走、慢跑、跳舞、打太极拳（图 5-16）、游泳等。每周进行 3～5 次有氧运动，每次 30～60 分钟，可以有效增强老年人的心肺功能。② 适量的抗阻运动，如举哑铃、拉力器（图 5-17）健身等。进行抗阻运动可以帮助老年人增强肌力和肌肉耐力。③ 拉伸运动，包括拉伸胸部、背部、双臂、髋部、大腿、小腿等。拉伸运动可以促进血液循环，增强肢体的灵活性，预防运动损伤。

图 5-16　打太极拳

图 5-17　拉力器

素质之窗

太极拳

太极拳是以中正圆活为运动特征的传统体育项目，蕴含着阴阳循环、天人合一的中国传统哲学思想和养生观念，注重意念修炼与呼吸调整，以五步、八法为核心动作，以套路、功法、推手为运动形式。太极拳习练者可以通过对动静、快慢、虚实的把控，达到修身养性、强身健体的目的。

自 17 世纪中叶形成以来，太极拳世代传承，逐渐发展出多种流派和丰富多样的实践方式，其蕴含的文化意义也在不断丰富。2020 年，太极拳被正式列入联合国教科文组织《人类非物质文化遗产代表作名录》。目前，太极拳在促进人民群众身心健康、推动人与人和谐共处、增强社会凝聚力等方面都发挥着重要作用。

资料来源：中国非物质文化遗产网

家政服务员在指导老年人进行专项运动训练时，需要注意以下几点：

（1）引导老年人养成规律运动的习惯，以有氧运动为主，抗阻运动为辅。

（2）建议老年人在运动时穿轻便、透气、有弹性的衣服。

（3）指导老年人在运动前注意热身，在运动过程中和运动结束后及时补充水分，运动后适当进行身体拉伸。

（4）指导老年人在运动过程中掌握动作要点，用力轻柔，用正确的方式呼吸，不憋气。

（二）安全照护

家政服务员在照护老年人时，需要注意家居生活安全和外出安全。

1．家居生活安全

老年人的家居生活安全包括以下几点：

（1）防跌倒。家政服务员可以从以下几个方面预防老年人跌倒：① 保持卧室、客厅、卫生间等处的地面洁净、干燥；② 清除地面的障碍物；③ 如老年人行动不便，应视情况搀扶其行走，或协助其使用拐杖、助行架（图 5-18）、轮椅等助行器。

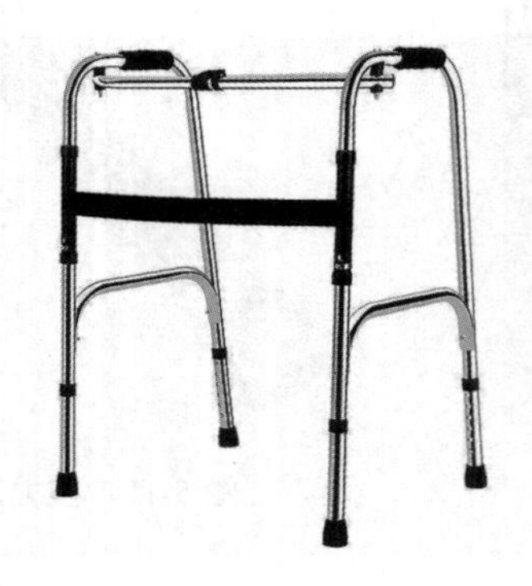

框式助行架

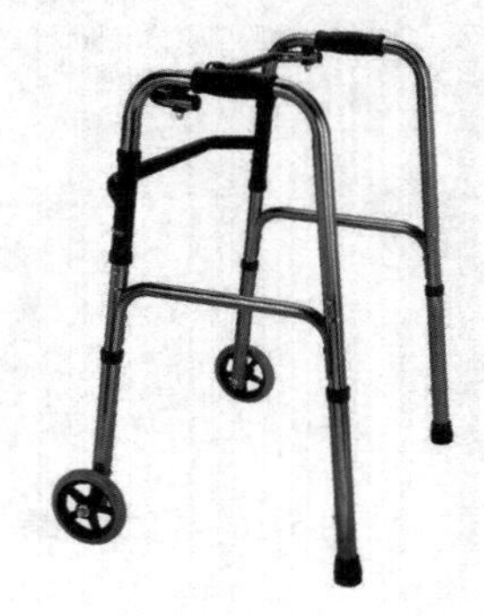

轮式助行架

图 5-18　助行架

（2）防坠床。对于有坠床风险的老年人，应建议其家庭成员安装床栏，加强睡眠观察，协助其完成上下床动作。

（3）防烫伤。家政服务员可以从以下几个方面预防老年人烫伤：① 避免老年人饮用开水，进食高温食物；② 给老年人洗澡时，水温不宜过高；③ 倒开水时应避开老年人；④ 给老年人使用取暖物品（如热水袋、电热毯、取暖器等）时，注意观察其皮肤状态。

（4）防压疮。家政服务员可以从以下几个方面预防老年人出现压疮：① 日常观察老年人的皮肤是否干燥、有无破损；② 保持老年人的皮肤、衣物等清洁，及时清除床铺上的碎屑；③ 帮老年人勤翻身；④ 遵医嘱对老年人进行创面护理，如清创、换药等；⑤ 为长期卧床或坐轮椅的老年人准备防压疮器具（图 5-19）。

坐垫

气垫床

图 5-19　防压疮器具

压疮是指局部皮肤长时间受压或受摩擦后，受力部位发生血液循环障碍而引起皮肤和皮下组织缺血、坏死的病变。长期卧床或坐轮椅的老年人容易患压疮。

2．外出安全

家政服务员在陪同老年人外出时，需要注意以下几点：

（1）随时陪护在老年人身旁，不宜远离，以免其走失。

（2）根据老年人的身体状况带好助行器，尽量前往地面平坦的场所，上下楼时宜乘坐垂直电梯。

（3）避免在拥挤、闷热的场所长时间逗留，远离猫、狗等动物，以防老年人被撞伤或咬伤。

（4）密切观察老年人的身体状况和精神状态，及时协助其休息。

四、常见疾病照护

（一）基础知识

在照护老年人时，家政服务员应提前了解老年人的身体状况，做好日常监测和用药照护。

1．了解身体状况

在照护老年人前，家政服务员可以采用询问、观察等方式了解老年人的身体状况，具体包括以下几个方面：

（1）患病情况和病程发展阶段，以及可能出现的症状变化。

（2）日常用药情况，包括药品名称、用药剂量、用药禁忌等。

（3）生活方式，如是否吸烟、饮酒、运动等。

2．日常监测

如何观测老年人的生命体征

家政服务员在照护老年人时，需要观察其生理指标和身体症状表现，具体如下：

（1）协助监测老年人的生命体征（包括体温、脉搏或心率、血压和呼吸频率等）及其他相关生理指标（如血糖、血氧饱和度等），并做好日常记录。测量频次可以根据老年人的身体状况确定。例如，对于有发热症状的老年人，宜每天上午、下午、晚上各测量一次体温。

生命体征是指用于评价人体生命活动情况的指标。健康成年人安静时的各项生命体征相对稳定，具体如下：① 腋下体温为 36～37 ℃；② 脉搏或心率为每分钟 60～100 次；③ 收缩压为 100～120 毫米汞柱，舒张压为 60～80 毫米汞柱；④ 呼吸频率为每分钟 14～18 次。

血氧饱和度是指血液中氧的浓度，是用于判断呼吸循环是否正常的重要生理指标。临床中常用的是动脉血氧饱和度，其正常值大约为 98%。

（2）及时识别老年人的不适症状，向其家庭成员反馈，并视情况送其就医。

（3）观察老年人自理能力、基础运动能力、精神状态、感知觉与社会参与等方面的变化，判断老年人的身体和认知情况是否正常。

3．用药照护

在了解老年人的用药情况后，家政服务员需要进行以下几个方面的照护：

（1）做好药品保管工作。① 检查药品有效期，确保老年人正在服用的药品都在有效期内；② 将药品存放于适宜的环境；③ 外出时随身携带必要药品。

（2）遵医嘱提前准备药品，如煎制中药。

（3）遵医嘱协助老年人按时、按量用药。

（4）观察老年人的用药效果和不良反应，并及时反馈给相关家庭成员或医护人员。

（二）常见老年疾病的照护方法

随着生理功能的退化，多数老年人会患上各种疾病，家政服务员应根据老年人的患病情况进行合理照护。下面介绍几种常见老年疾病的照护方法。

1．高血压

家政服务员在照护患有高血压的老年人时，需要注意以下几点：

（1）遵医嘱协助老年人用药。日常注意监测老年人的生命体征，重点监测并记录血压的变化情况。

（2）准备富含钾、钙、膳食纤维、不饱和脂肪酸，且低脂肪、低盐的膳食，如水果、蔬菜、低脂奶制品等，减少腌制食品，引导老年人戒烟、限酒。

（3）指导老年人进行适当的有氧运动。

（4）采取措施预防老年人跌倒。

（5）如老年人出现头晕、头痛、恶心、呕吐、躁动、抽搐等症状，应立即送其就医。

2．冠心病

家政服务员在照护患有冠心病的老年人时，需要注意以下几点：

（1）遵医嘱协助老年人用药，陪同外出时应随身携带硝酸甘油片等药品。日常注意监测老年人的生命体征，重点监测并记录血压和心率的变化情况。

（2）准备低脂肪、低盐、低胆固醇且易消化的膳食，如猪瘦肉、鱼、豆类、坚果等，叮嘱老年人少食多餐，保持大便通畅，引导老年人戒烟、限酒。

（3）遵医嘱协助老年人进行心肺功能训练。

（4）注意为老年人采取防寒保暖、预防跌倒的措施。

（5）如老年人出现心绞痛、胸闷、气短、心悸等症状，应协助其卧床休息。如症状严重，应立即送其就医。

3．脑卒中

家政服务员在照护患有脑卒（cù）中的老年人时，需要注意以下几点：

（1）遵医嘱协助老年人用药。日常注意监测老年人的生命体征，观察其自理能力、基本运动能力、精神状态、感知觉等。

（2）准备富含优质蛋白质和维生素，且低盐、低脂肪、低热量的膳食，如蔬菜、水果、豆类、鱼、牛肉等。协助老年人进餐，注意观察其进食情况，如出现咳嗽、气喘、严重发绀（gàn）等症状，应遵医嘱进行对症处理。

发绀是指血液中还原血红蛋白增多，使皮肤、黏膜呈青紫色的现象。

（3）指导老年人进行言语训练、体位转移训练、平衡训练等。

（4）采取措施预防老年人跌倒和出现压疮。

（5）如老年人出现单侧肢体麻木无力、不明原因的剧烈头痛、语言模糊不清或不理解他人语言等发病症状，或者便血、牙龈出血等异常症状，应及时送其就医。

4．帕金森病

家政服务员在照护患有帕金森病的老年人时，需要注意以下几点：

（1）遵医嘱协助老年人用药。

（2）准备富含优质蛋白质、高热量的膳食，如奶制品、豆制品、牛肉、坚果等，少

量多餐。协助老年人采用坐位或半坐卧位进食，给予充足的进食时间，可视情况提供防抖勺（图 5-20）。

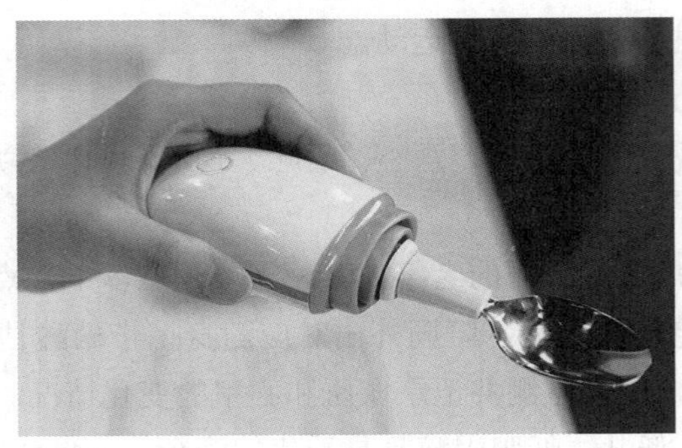

图 5-20　防抖勺

（3）指导老年人进行适当的运动和言语训练。

（4）采取措施预防老年人跌倒和出现压疮。

5．糖尿病

家政服务员在照护患有糖尿病的老年人时，需要注意以下几点：

（1）遵医嘱协助老年人用药。日常注意协助老年人监测血糖并做好记录。

（2）遵医嘱合理准备膳食，一般应以谷物为主，增加高膳食纤维、低脂肪、低盐、低糖的食物。

（3）协助老年人保持口腔、会阴部、足部清洁，以防感染。

（4）指导老年人有规律地运动。

（5）采取措施预防老年人跌倒。

课堂互动

如某位老年人同时患有脑卒中和糖尿病，家政服务员应如何照护？

6．肺炎

家政服务员在照护患有肺炎的老年人时，需要注意以下几点：

（1）遵医嘱协助老年人用药。日常注意监测老年人的生命体征和血氧饱和度，观察其意识状态。

（2）准备富含优质蛋白质和维生素，且热量较高、清淡、易消化的膳食，如牛奶、鸡蛋、大米粥、南瓜粥等。

（3）遵医嘱为老年人采取降温、吸氧、排痰等措施。

（4）注意为老年人采取防寒保暖措施，经常开窗通风。

（5）如老年人出现呼吸困难的情况，应协助其采用半坐卧位或端坐位（图 5-21），并及时向相关家庭成员或医护人员反馈。

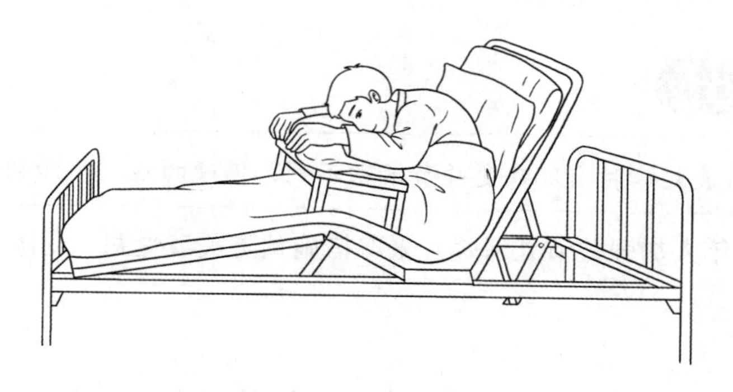

图 5-21　端坐位

7．骨质疏松症

家政服务员在照护患有骨质疏松症的老年人时，需要注意以下几点：

（1）遵医嘱协助老年人服用补钙药品。

（2）准备富含钙、蛋白质、膳食纤维的食物，如牛奶、鱼、虾、鸡蛋、豆制品、蔬菜等，避免老年人饮用浓茶和碳酸饮料，引导老年人戒烟、戒酒。

（3）指导老年人进行适当运动，每周宜进行 3～5 次有氧运动和抗阻运动。

（4）采取措施减少老年人夜间起床次数，注意预防其坠床。

（5）如老年人出现关节疼痛症状，可引导其深呼吸或为其热敷、按摩患处。

8．类风湿性关节炎

家政服务员在照护患有类风湿性关节炎的老年人时，需要注意以下几点：

（1）遵医嘱协助老年人用药和进行理疗，根据老年人的疼痛程度进行对症护理。疼痛程度可参考面部表情疼痛量表（图 5-22）进行评估，数值越高，表示疼痛越严重。

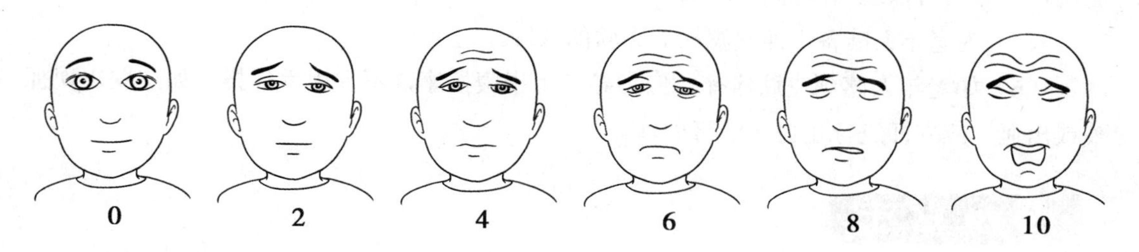

图 5-22　面部表情疼痛量表

（2）准备富含钾、钙且低盐的食物，如奶制品、水产品、坚果等，避免辛辣、有刺激性的食物。

（3）协助老年人进行关节护理。如老年人出现晨僵，应用热水浸泡或热敷其关节，然后辅助其进行关节活动；如老年人关节疼痛严重，应协助其卧床休息，并为其按摩患处；如老年人症状稳定，应协助其尽早下床活动，加强日常活动和运动训练。

晨僵是指清晨起床时出现病变关节活动不利、僵硬的症状，活动后可减轻。

（4）协助老年人加强关节处保暖，采取措施预防关节受寒、受潮。例如，夏季吹空调时不宜直吹。

9．白内障

家政服务员在照护患有白内障的老年人时，需要注意以下几点：

（1）遵医嘱协助老年人用药，定期进行眼部检查。

（2）指导老年人合理用眼，不用力挤眼或揉眼、用脏毛巾擦眼、用力排便、长时间看书等。外出时为老年人准备墨镜或遮阳帽，以防强光刺激。

（3）指导老年人在进行眼部手术后的 3 个月内避免突然低头、弯腰，以防眼部受伤。

（4）如老年人出现视力下降、眼红或眼痛等症状，应及时送其就医。

10．老年瘙痒症

家政服务员在照护患有老年瘙痒症的老年人时，需要注意以下几点：

（1）遵医嘱协助老年人用药。

（2）准备富含锰、维生素 A、维生素 B_6 的食物，如香蕉、马铃薯和香菇等，避免辛辣、有刺激性的食物。

（3）保证室内空气清新，温湿度适宜。

（4）定期为老年人修剪指甲，协助其用温水洗澡。洗澡时不宜揉搓过频，不宜使用肥皂，洗澡后可以适当涂抹身体乳。

（5）为老年人准备干净、宽松、柔软的衣服。

（6）如老年人感到皮肤瘙痒，应指导其用指腹按摩，不宜用手抓挠。如皮肤出现抓痕或出血，应立即进行止血、消毒处理。

患病的老年人需要长期承受身体不适症状，容易出现烦躁、焦虑、恐惧等情绪。因此，家政服务员既要进行对症照护，也要及时对老年人进行心理疏导，帮助老年人缓解精神压力，使其保持心情愉悦。

模拟协助老年人进行日常活动训练的过程

【任务描述】

雇主 B 的父亲腰背和腿部受伤，平时主要是躺卧在床，能够勉强坐立和站立。医生建议他每天进行体位转移训练、更换衣服训练、平衡训练和站立训练。由于雇主 B 的父亲不配合，雇主 B 便请家政服务员 A 协助其父亲完成日常活动训练。请以小组为单位，模拟协助老年人进行日常活动训练的过程。

【实施流程】

（1）学生自由分组，每组两人。

（2）小组成员根据任务描述，查询训练要领并准备所需物品。

（3）小组成员进行任务分工，一人扮演家政服务员 A，另一人扮演雇主 B 的父亲。

（4）两人协作完成实训任务，并在实训结束后分享各自的感受。

（5）主讲教师对各小组进行点评。

学习成果自测

1．填空题

（1）妊娠期是指从受孕到分娩前的一段时间，可分为妊娠早期（________________）、妊娠中期（________________）和妊娠晚期（________________）。

（2）产妇在产后________天内分泌初乳，产后________天分泌过渡乳，产后________天开始分泌成熟乳。

（3）__________是指从出生到学龄前的个体。

（4）对于 7～24 月龄的婴幼儿，宜采用__________和__________相结合的膳食模式。

（5）为 2～5 岁的婴幼儿烹制菜肴时，应多采用________、________、________等技法。

（6）老年人的日常用药情况包括____________、____________、____________等。

2．单项选择题

（1）家政服务员在为孕妇烹制膳食时，不宜（　　）。

A．多准备富含铁的食物　　B．每天准备两次加餐

C．用辣椒调味　　D．将食物加热至熟

（2）关于孕妇安全，家政服务员应注意（　　）。

A．为孕妇准备紧身衣　　B．指导孕妇睡觉时采用仰卧位

C．让孕妇开车　　D．了解孕妇分娩前的身体反应

（3）以下选项中，（　　）属于产妇的膳食禁忌。

A．过早饮用催乳汤　　B．不吃高盐的食物

C．多吃富含膳食纤维的食物　　D．吃加碘盐

（4）（　　）会导致产妇出现乳汁分泌不足的问题。

A．及时排空乳汁　　B．尽早让婴幼儿吸吮

C．睡眠不足　　D．按摩乳房

（5）为了协助产妇正常排出恶露，家政服务员应指导产妇采用（　　）。

A．仰卧位　　B．半坐卧位

C．端坐位　　D．侧卧位

（6）对于 9～12 月龄的婴幼儿，每天应喂辅食（　　）。

A．1 次　　B．1～2 次

C．2～3 次　　D．4 次

（7）婴幼儿（　　）时的运动项目以互动式地板游戏为主。

A．0～1 岁　　B．1～3 岁

C．2～3 岁　　D．3～6 岁

（8）老年人每天的睡眠时间宜为（　　）小时。

A．7～8　　B．5～7

C．9～11　　D．8～9

（9）家政服务员在协助和指导老年人进行日常活动训练时，需要注意（　　）。

A．完全让老年人独立活动　　B．提高老年人的积极性

C．穿衣时先穿健侧，再穿患侧　　D．先难后易

3．简答题

（1）简述孕妇卫生安全照护的内容。

（2）孕妇出现腰背疼痛时，家政服务员应如何应对？

（3）家政服务员应如何对产妇进行心理调适？

（4）简述产褥期保健操的动作要领。

（5）简述为婴幼儿洗澡的步骤。

（6）简述协助老年人进餐的方法。

（7）家政服务员应如何照护患有糖尿病的老年人？

学习成果评价

请进行学习成果评价，并将评价结果填入表 5-21 中。

表 5-21　学习成果评价表

班级：＿＿＿＿＿＿　　姓名：＿＿＿＿＿＿　　学号：＿＿＿＿＿＿

<table>
<tr><th rowspan="2">评价项目</th><th rowspan="2">评价内容</th><th rowspan="2">分值</th><th colspan="2">评分</th></tr>
<tr><th>自我评分</th><th>教师评分</th></tr>
<tr><td rowspan="3">知识
（40%）</td><td>不同家庭成员的生理和心理特征</td><td>10</td><td></td><td></td></tr>
<tr><td>不同家庭成员的日常生活照护方法</td><td>15</td><td></td><td></td></tr>
<tr><td>不同家庭成员的运动指导和安全照护方法</td><td>15</td><td></td><td></td></tr>
<tr><td rowspan="4">技能
（40%）</td><td>能够进行孕妇膳食照护、运动指导和安全照护、常见不适症状照护</td><td>10</td><td></td><td></td></tr>
<tr><td>能够进行产妇膳食照护和身体照护</td><td>10</td><td></td><td></td></tr>
<tr><td>能够进行婴幼儿膳食照护、睡眠照护、盥洗和如厕照护、运动指导和安全照护</td><td>10</td><td></td><td></td></tr>
<tr><td>能够进行老年人日常生活照护、运动指导和安全照护、常见疾病照护</td><td>10</td><td></td><td></td></tr>
<tr><td rowspan="4">素养
（20%）</td><td>听从教师指挥，遵守课堂纪律</td><td>5</td><td></td><td></td></tr>
<tr><td>培养团队精神，提高团队凝聚力</td><td>5</td><td></td><td></td></tr>
<tr><td>增强服务意识，提高服务能力</td><td>5</td><td></td><td></td></tr>
<tr><td>守正创新，自信自强</td><td>5</td><td></td><td></td></tr>
<tr><td colspan="2">合计</td><td>100</td><td></td><td></td></tr>
<tr><td colspan="3">总分（自我评分×40%+教师评分×60%）</td><td colspan="2"></td></tr>
<tr><td>自我评价</td><td colspan="4"></td></tr>
<tr><td>教师评价</td><td colspan="4"></td></tr>
</table>

项目六 现代家庭安全

项目引言

家庭安全包括家庭成员的人身安全和财产安全，是家庭幸福的重要保障。保障现代家庭安全是家政服务员工作时应特别注意的方面，因此，家政服务员应学习家庭安全防护知识，掌握家庭意外情况的应对方法，以维护家庭利益，促进家庭和社会和谐。本项目主要介绍家庭安全防护的基础知识和常见家庭意外情况的应对方法。

知识目标

☞ 掌握家庭防盗、家庭防骗、家庭防水患的方法。

☞ 掌握火灾、燃气中毒、呼吸道异物堵塞、意外触电等一般安全事故的预防与应对方法。

☞ 熟悉台风、地震等常见自然灾害的应对方法。

素质目标

☞ 学习家庭安全防护知识，树立“生命至上、安全第一”的理念，增强安全防范意识。

☞ 学习意外情况应对方法，提高心理素质，在遇到危险时能够保持沉着冷静，不盲目逃生。

任务一　了解家庭安全防护知识

任务导入

一天，阿秀一个人在王太太家，有人敲门，告知阿秀自己是燃气公司的检修员，上门检查有无燃气泄漏情况。阿秀通过门镜看到对方穿着工作服，且佩戴有工作证，便开门让其进入。过了一会儿，王太太下班回家，发现家里有陌生人，便立即向物业管理员询问当天是否确有检修员要上门检查，并再次核对了检修员的身份信息。

待检修员离开后，王太太批评阿秀不应该擅自为陌生人开门，并告知阿秀目前有很多不法分子会假扮专业人员上门盗窃或行骗，需要提高警惕。阿秀意识到了自己的错误，保证以后一定会加强安全防范。

思考：

（1）如何进行家庭防盗？

（2）如何进行家庭防骗？

目前，现代家庭面临着被盗、被骗、水患等各种安全风险。因此，家政服务员在提供家政服务的同时，应加强家庭安全防护，以保障家庭成员的人身安全和财产安全，促进平安家庭的创建。

一、家庭防盗

为了预防现代家庭被盗，家政服务员需要了解窃贼的盗窃规律，并协同家庭成员防盗。

（一）盗窃规律

通常情况下，窃贼会提前摸清家庭情况，包括家庭成员的构成、人员出入情况、周边环境等，并在大门附近做踩点标记，然后选择家中无人或家庭成员熟睡时（尤其是1:00—4:00）入室盗窃。常见的入室盗窃方式如表6-1所示。

表6-1　常见的入室盗窃方式

方式	详细说明
溜门入室	趁家门未锁时潜入室内
撬锁入室	使用工具撬锁后入室
爬窗入室	从未做防盗措施的窗户爬入室内
伪装入室	冒充快递员、物业管理员、检修员或雇主的亲朋好友等入室

（二）防盗措施

现代家庭可采取的防盗措施包括清除踩点标记、加强技术防盗、养成防盗习惯等。

1．清除踩点标记

家政服务员应注意观察门缝、门把手、信箱、外墙等处有无可疑物品和标记，如传单、信件、广告卡片、用笔画的符号等。若有，应注意及时清除。

2．加强技术防盗

技术防盗是指通过安装防盗设备进行防盗的措施。家政服务员可以观察家居环境是否存在被盗隐患，并建议雇主采取以下技术防盗措施：① 安装防盗锁和带有门镜（俗称“猫眼”，如图 6-1 所示）的防盗门；② 安装防盗窗（图 6-2）；③ 在室内或门外安装防盗监控系统。此外，家政服务员还应定期检查门窗的牢固性，并及时加固。

图 6-1　门镜

图 6-2　防盗窗

3．养成防盗习惯

家政服务员应养成以下防盗习惯，以降低家庭被盗风险：

（1）外出或入睡前确定门窗均已反锁好。

（2）外出时严格保管钥匙，以防被盗。如钥匙不慎丢失，应及时告知雇主，主动赔偿，并建议雇主更换门锁。

（3）不随便给陌生人开门。当自己一人在家时，如有陌生人上门拜访，应告知其雇主不在家，建议其与雇主约定时间后再上门，或者向雇主核实来访者的身份和上门目的后再为其开门。

（4）不得将自己的亲戚、朋友等带入雇主家内。

（5）熟悉周边环境，了解邻里关系。如发现有陌生人出现闲逛、逗留等可疑行为，应细心留意，及时告知家庭成员和物业管理员，并视情况报警。

二、家庭防骗

诈骗手段多种多样，包括中奖诈骗、信用卡诈骗、保健品诈骗、网络刷单诈骗、冒充熟人或客服诈骗等。为了预防家庭成员被骗，家政服务员需要掌握以下防骗方法：

（1）不贪便宜。很多犯罪分子会利用人们贪便宜的心理实施诈骗行为。因此，凡是涉及中奖、高回报、疗效神奇、赠送礼品等，均应提高警惕。

（2）不轻信。犯罪分子会通过冒充熟人、政府机关工作人员或客服人员等获取人们的信任，为行骗提供便利。因此，在接到声称自己是“×××”的相关电话或短信时不宜轻信，需要先核对其身份信息，确保身份正确后再予以配合。此外，凡是陌生人发送的链接，一律不点；凡是陌生的境外电话或以“170”开头的电话，一律不接。

170 号段是虚拟运营商的专属号段，是近年来电信诈骗人员常用的号段。

（3）不轻易转账。凡是对方提出转账或提前交钱，都应提高警惕，先确认对方的身份信息。

（4）不随意向他人提供个人信息，尤其是身份证号码、银行卡账号和密码等。

此外，家政服务员要及时提醒家庭成员注意防骗，如发现家中的儿童、老年人出现给陌生人转账、浏览或注册不安全网站等行为，应及时制止，必要时应报警。

扫一扫

如何保护个人信息

三、家庭防水患

现代家庭出现水患的原因包括水管堵塞、水管破损、室外渗水等。家政服务员需要针对不同情况，采用不同的预防方法。

（一）水管堵塞

（1）及时清理出水口的垃圾。可以在出水口处添加水槽过滤网（图 6-3），以过滤食物残渣和其他杂物。

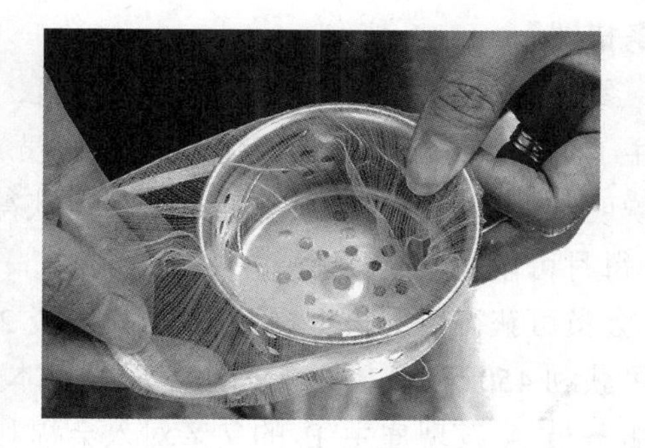

图 6-3　水槽过滤网

（2）不宜向洗碗池、洗手池、浴缸、便器内丢弃不易溶解的卫生纸、塑料袋、牙签等物品。

（3）如出现水管堵塞的情况，应立即停止用水，然后用管道疏通剂或钢丝等疏通管道。如无法疏通，应请专业人员上门疏通。

（二）水管破损

（1）寒冷天气做好水管防冻工作，具体如下：① 夜间关紧门窗；② 用棉布、泡沫等物品将暴露于室外的水管包裹好；③ 打开水龙头，让其保持滴水状态，使水流动起来；④ 如水管或水龙头被冻住，可以先包裹一层温热的湿布，然后浇温水使其解冻。

发现水管被冻住时，可以直接把开水浇在水管上吗？为什么？

（2）如水管已破损，应先断电，以免引起触电事故，然后立即关闭水阀和水龙头，查找水管破损的位置，用防水胶带（图 6-4）修补。如水管破损较严重，应请专业人员维修。

图 6-4　防水胶带

（三）室外渗水

（1）雨天注意关紧门窗，以免雨水进入室内。

（2）由于施工不当，可能出现室外雨水、地下水等通过外墙渗入室内的情况。因此，如发现墙面、墙角等处有渗水情况，应及时反馈给雇主，建议其与物业沟通进行外墙修补。

任务实施

模拟家庭防骗

【任务描述】

一天，家政服务员 A 前往雇主 B 家服务时，看见一名自称某保健品公司的推销员 C 正在向雇主 B 的父亲介绍公司的保健品。推销员 C 极力推荐雇主 B 的父亲申请成为公司会员，并说明入会费为每年 500 元，入会后可获得以下福利：

（1）每月可申领一袋大米、一桶油。

（2）会员可获得以下投资福利：① 如投资 2 万元，每月可获利 150 元；如投资 5 万元，每月可获利 450 元。② 一年后可拿回投资本金，并获得 500 元补贴。

家政服务员 A 发现雇主 B 的父亲对入会福利有点心动，准备采取措施引导其注意防骗。请以小组为单位，模拟家政服务员 A 帮助雇主 B 的父亲防骗的过程。

【实施流程】

（1）学生自由分组，每组 3 人。

（2）各小组根据任务描述准备所需物品。

（3）各小组中一人扮演家政服务员 A，一人扮演雇主 B 的父亲，一人扮演推销员 C，共同完成家庭防骗过程。

（4）主讲教师对各小组进行点评。

任务二　掌握意外情况应对方法

任务导入

被王太太批评后，阿秀开始重视家庭安全问题，专门去科普网站上查询家庭安全防护知识，了解现代家庭可能遭遇的一般安全事故和自然灾害，学习不同意外情况的应对方法，包括心肺复苏的操作方法、避震方法等。

一天，小明不小心将果冻吸入气管内，随即出现剧烈呛咳、面部发紫的症状。阿秀见状，立刻用海姆立克急救法帮助小明将果冻吐出。

思考：

（1）如何预防与应对呼吸道异物堵塞？

（2）如何科学避震？

现代家庭生活中难免会出现各种意外情况，包括一般安全事故和自然灾害。对于一般安全事故，家政服务员应以预防为主，在发生安全事故后采用科学方法应对；自然灾害一般无法预防，但家政服务员可以做好应对工作，以降低现代家庭的损失。

一、一般安全事故的预防与应对

现代家庭常见的安全事故包括火灾、燃气中毒、呼吸道异物堵塞、意外触电、烫伤、摔伤等。下面主要介绍如何预防与应对火灾、燃气中毒、呼吸道异物堵塞、意外触电等安全事故。

（一）火灾

家政服务员需要及时消除火灾隐患，掌握灭火方法和火灾逃生知识。

1. 消除火灾隐患

家中的明火（如炉火）、电器、燃气、堆放的杂物等都可能引起火灾。因此，家政服务员应及时消除家居内的各种火灾隐患，具体如下：

（1）正确使用家庭用火、用气、用电设备，包括燃气灶、电暖器、电饭锅、电熨斗、电热毯等，使用完、睡前和外出时都要确保这些设备已关闭。此外，如发现燃气泄漏的情况，应迅速关闭阀门，打开窗户通风，并到安全地带通知燃气公司上门维修。

图 6-5　蚊香托盘

（2）清除阳台、走廊、厨房的杂物（尤其是易燃物），保持安全通道畅通。家居内不得存放超过 0.5 升的酒精、汽油、香蕉水等易燃易爆物品。

（3）正确用火。具体应做到以下几点：① 不吸烟，同时建议家庭成员不卧床吸烟，不能把燃烧着的烟蒂丢弃在地毯上或垃圾桶内。② 尽量避免在厨房外使用明火，如确需使用，应做好防护措施。例如，将点燃的蚊香放在蚊香托盘（图 6-5）内，远离沙发、床铺、衣服等易燃物。③ 用完后及时灭火。

（4）不让儿童接触打火机、燃气灶等，避免其在室内燃放烟花爆竹。

（5）不使用老化的电线、破损的插座等，并建议雇主及时更换。

2．灭火方法

不同物品着火，应采用不同的灭火方法，具体如表 6-2 所示。

表 6-2　不同物品着火后的灭火方法

着火物品	灭火方法
油锅	（1）先关闭炉灶，然后快速用锅盖或湿毛巾覆盖油锅，以隔绝氧气； （2）先关闭炉灶，然后用灭火器灭火
家用电器或电气线路	先切断电源，然后用灭火器灭火
沙发、床铺等家居物品	用冷水或灭火器灭火
衣服	（1）迅速脱下起火的衣服并将其浸入冷水中； （2）不要奔跑，可以就地打滚或用厚重的衣物压灭火苗； （3）往身上浇冷水或用湿毛巾裹住身体

视野拓展

使用灭火器的方法和注意事项

常用的灭火器有水基型灭火器、干粉灭火器、二氧化碳灭火器等。灭火器类型不同，使用方法也略有不同，其具体使用方法一般会绘制在瓶体上，家政服务员在使用前应注意查看。

其中，干粉灭火器可以扑灭油、气等燃烧引起的火灾，其使用方法如下：① 将灭火器瓶体颠倒几次，使瓶内干粉松动；② 除掉灭火器上方的铅封，拔下保险销；③ 用一只手握着喷管，另一只手提着压把（如果使用无管灭火器，应用一只手托住瓶底，另一

只手提着压把)，在距火焰 2～3 米处用力压下压把，对准火焰根部喷射，直至火焰熄灭，如图 6-6 所示。

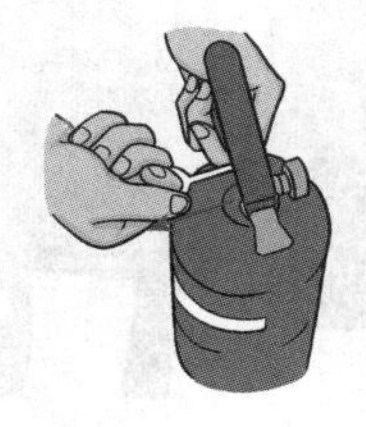

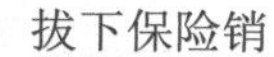

拔下保险销　　用力压下压把　　对准火焰根部喷射

图 6-6　干粉灭火器的使用方法

使用灭火器时，应注意以下事项：① 人站在上风向处。② 不能将灭火器的上盖和瓶底对着人体，以防上盖和瓶底弹出伤人，更不能直接对着人体喷射。③ 不与水同时喷射，以免影响灭火效果。④ 扑灭液体物质燃烧造成的火灾时，应从燃烧液面的边缘开始喷射，切忌直接对准液面中央喷射，以免燃烧的液体溅射；扑灭电气火灾时，应先切断电源，以防触电；扑灭固体物质燃烧造成的火灾时，应将喷嘴对准燃烧最猛烈的地方喷射，以达到迅速灭火的目的。

资料来源：澎湃新闻网

3．火灾逃生

当火势较大或附近家庭着火时，家政服务员应保持冷静，并协同家庭成员采用以下方法逃生：

（1）拨打 119 火警电话，提供发生火灾的详细地址、起火物（如窗帘、电器等）、人员被困情况、火势大小（如是否有烟雾、火光等）、姓名、联系方式等关键信息。

如没有条件拨打电话，可以用手电筒或颜色鲜艳的物品发出求救信号。

（2）判断起火位置，选择合适的逃生方法。

如起火位置在楼上，应立即通过疏散楼梯下楼，转移至室外，注意不要乘坐电梯。

如起火位置在楼下，应尽快向避难层或楼顶转移。转移时应尽量使身体贴近地面，用湿毛巾或过滤式消防自救呼吸器（图 6-7）捂住口鼻，以免吸入烟雾。同时用湿棉被或灭火毯（图 6-8）包住身体。

图 6-7　过滤式消防自救呼吸器

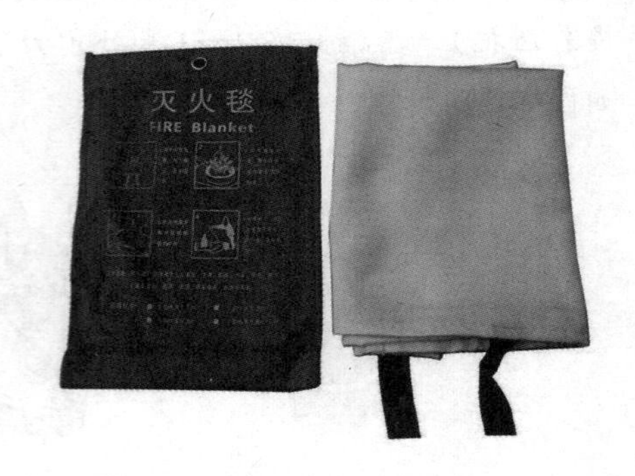

图 6-8　灭火毯

小贴士

避难层是指高层建筑内，用于人员暂时躲避火灾和烟雾危害的楼层。

如起火位置在本楼层，应先用手背轻触房门，以判断能否开门下楼。如房门已发热，说明大火或烟雾已封锁房门，此时不宜开门，应用毛巾或被子堵住门窗缝隙，然后泼水降温。同时拨打 119 火警电话，捂好口鼻，裹上湿棉被或灭火毯，等待救援。

（3）不要盲目跳楼。如楼层低于 3 楼，可用床单或窗帘等结成绳绑在固定物上，然后从窗口逃生；如楼层较高，建议等待救援，或利用逃生缓降器（仅适用于 3～35 楼，如图 6-9 所示）协助逃生。

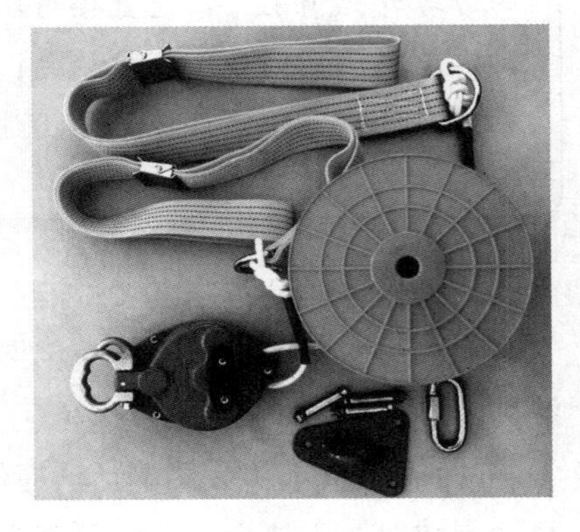

图 6-9　逃生缓降器

课堂互动

一天，家政服务员 A 和雇主 B 的母亲在家，楼上着火了。如果雇主 B 家住 6 楼，请问：家政服务员 A 应如何与雇主 B 的母亲一起逃生？

（二）燃气中毒

燃气中毒是指燃气泄漏导致人体吸入过量有毒气体而全身缺氧的现象。燃气中毒的常见症状有头晕、头痛、恶心、呕吐、心慌、无力、烦躁、神志不清、血压下降、呼吸短浅、四肢冰凉、失禁等。

家政服务员应正确使用燃气用具，每次用完后应及时关闭阀门，避免儿童接触燃气灶或燃气罐，以防燃气泄漏。如家庭成员不慎出现燃气中毒症状，可以采用以下方法应对：

（1）立即开窗通风，注意不能开关电器或使用明火，以免引起爆炸。

（2）将中毒者转移至通风良好的地方，使其保持侧卧姿势，并迅速解开其衣领扣和腰带，确保其呼吸顺畅。如中毒者症状严重，应立即拨打120急救电话，送其就医。

（3）如中毒者出现呼吸骤停或心搏骤停的情况，应立即对其进行心肺复苏。

视野拓展

心肺复苏

心肺复苏（CPR）是指针对呼吸骤停或心搏骤停者采取的急救措施，可以帮助患者恢复自主呼吸。心肺复苏的具体操作步骤如下：

（1）胸外按压30次。① 让患者仰卧在平地上；② 跪于患者一侧，将一只手的掌根放在患者两乳头连线与胸骨交界处，另一只手放在第一只手上，手指交握；③ 双肘伸直，垂直向下按压（图6-10），成年人按压频率为每分钟100～120次，按压深度为5～6厘米或使胸部下陷1/3；④ 每次按压后让胸廓完全恢复，掌根不离开胸壁，按压时间与放松时间各占50%左右。

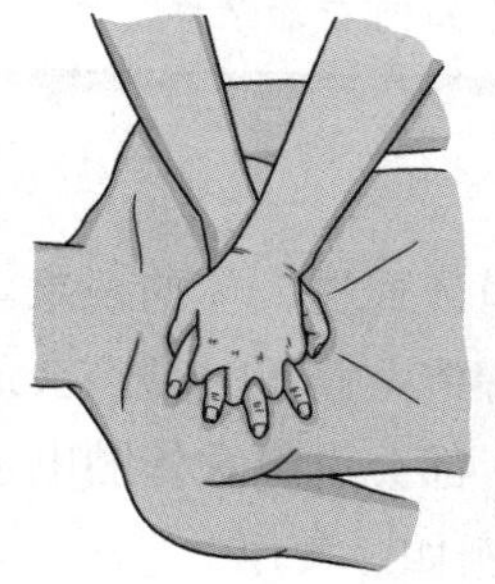

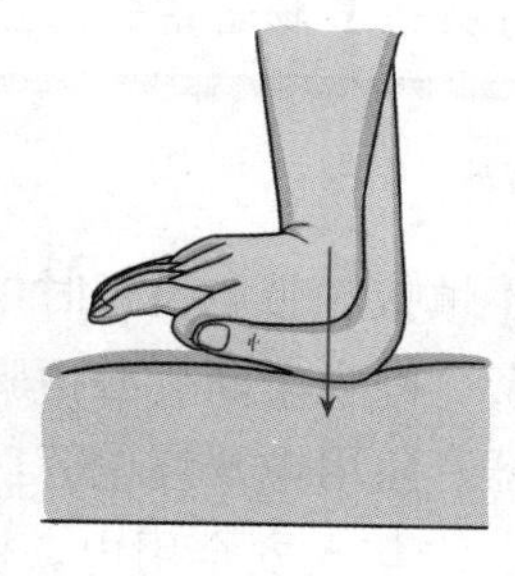

图6-10 胸外按压手势

心肺复苏的操作流程

（2）开放气道。清理出患者口腔内的假牙等异物，一只手放在患者的额部向下压，另一只手的食指和中指放于患者的下颌处，上抬下颌，使其头部后仰，嘴角与耳垂的连线与地面垂直。

（3）人工呼吸2次。用手指捏紧患者的鼻孔，用双唇完全包绕其口部，将气体吹入患者呼吸道内。每次吹气持续1秒左右，使患者的胸廓扩张。吹气完毕，松开捏紧患者鼻孔的手指，患者的胸廓和肺部会自主回缩，使气体呼出。

（4）重复以上步骤，直至救护人员到场。

资料来源：国家消防救援局官网

（三）呼吸道异物堵塞

呼吸道异物堵塞是指异物堵塞在喉、气管或支气管等部位的现象。呼吸道异物堵塞的症状有剧烈呛咳、面部发紫、呼吸困难甚至窒息等。家政服务员在照护家庭成员尤其是儿童和老年人时，需要及时观察其进食行为，指导其采用合适的进食体位和方法。如家庭成员出现呼吸道异物堵塞症状，家政服务员应用背部拍击法或海姆立克急救法进行急救，具体如表 6-3 所示。

表 6-3　呼吸道异物堵塞的急救方法

方法	操作方法	适用对象
背部拍击法	使患者俯卧在沙发上或急救者的双腿上，头低于躯干，用一只手按住其下颌，以固定头部，另一只手的掌根用力拍击患者两肩胛骨之间的背部 4～6 次	1 岁以下的婴幼儿和呼吸道未完全堵塞（可以咳嗽）的患者
海姆立克急救法	站在患者背后，用双臂环抱其腰部，一只手握拳，用拇指侧抵住患者上腹部，另一只手紧握该拳，快速地向内、向上冲压 6～8 次	1 岁以上的儿童、成年人和呼吸道完全堵塞（出现呼吸困难、窒息症状）的患者

在对儿童进行急救时，应注意不宜用力过大，以免对其胸腹部的脏器造成损伤。

课堂互动

家政服务员出现呼吸道异物堵塞时，应如何自救？

（四）意外触电

意外触电是指人体不慎接触带电设备时电流通过人体的现象。意外触电会对人体造成伤害，如烧伤、神经麻痹、呼吸中断、心搏骤停，严重时甚至会危及生命。

不规范使用家用电器、家用电器漏电等，都会引起意外触电事故。家政服务员既要正确用电，也要指导儿童、老年人安全用电。例如，使用完电器后应及时关闭，不用手直接接触插头插销或裸露的电线，防止电器进水或受潮，不超负荷用电，等等。如家庭成员意外触电，家政服务员应采用以下方法应对：

（1）立即切断电源，包括关开关、拔插头等。如无法及时切断电源，则应用干木棒、干塑料棒等绝缘物挑开电线（图 6-11），使触电者远离漏电物品。

（2）及时抢救触电者。如触电者出现呼吸骤停或心搏骤停的情况，应及时拨打 120 急救电话，并立即对触电者进行心肺复苏。

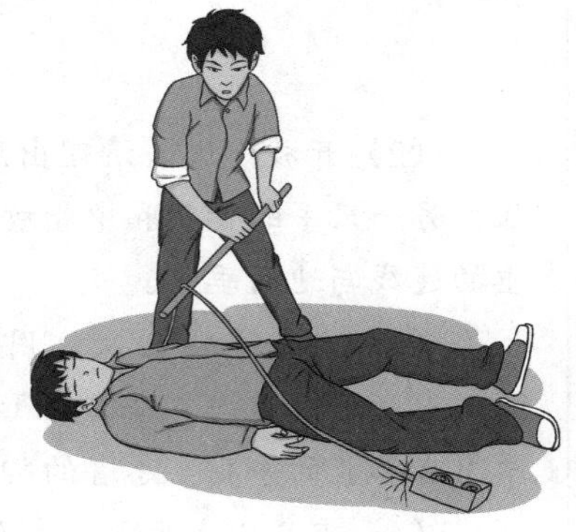

图 6-11　挑开电线

二、常见自然灾害的应对

现代家庭可能会遭受多种自然灾害，包括气象灾害（如暴雪、洪涝、冰雹、雷电、台风等）、地质灾害（如地震、泥石流、滑坡等）和生物灾害（如病虫害）等。下面主要介

绍台风和地震的应对方法。

（一）台风

台风是一种发生在西北太平洋和南海海域的强热带气旋，破坏力极大，常伴有狂风、暴雨和风暴潮（图 6-12），会严重破坏房屋、交通设施、电力设施、通信设施等。

图 6-12　风暴潮

为了降低现代家庭的损失，家政服务员应协同家庭成员做好以下台风防御工作：

（1）及时了解台风预警信号。在每年的 5—10 月尤其是 7—9 月，家政服务员在为现代家庭（尤其是我国东南沿海地区的家庭）服务时，应及时了解台风预警信号，特别关注台风中心位置、中心强度、移动方向、移动速度等信息。

台风预警信号

根据中国气象局发布的《气象灾害预警信号及防御指南》，台风预警信号分为四级，分别以蓝色、黄色、橙色和红色表示。

（1）台风蓝色预警信号表示 24 小时内可能或者已经受热带气旋影响，沿海或者陆地平均风力达 6 级以上，或者阵风达 8 级以上并可能持续。

（2）台风黄色预警信号表示 24 小时内可能或者已经受热带气旋影响，沿海或者陆地平均风力达 8 级以上，或者阵风达 10 级以上并可能持续。

（3）台风橙色预警信号表示 12 小时内可能或者已经受热带气旋影响，沿海或者陆地平均风力达 10 级以上，或者阵风达 12 级以上并可能持续。

（4）台风红色预警信号表示 6 小时内可能或者已经受热带气旋影响，沿海或者陆地平均风力达 12 级以上，或者阵风达 14 级以上并可能持续。

（2）在台风登陆前，应做好以下准备：① 确保门窗可以关紧，如有裂缝，应及时修补；② 提前将阳台上的物品转移到室内，并加固空调室外机、雨篷等；③ 确保燃气灶、家用电器等完好；④ 准备应急物品，包括手电筒、蜡烛、饮用水、食物和应急药品等，以防断电、停水。

（3）在台风登陆时，应注意以下几点：① 关紧门窗；② 切断家用电器的电源，不使用手机等无线工具，以防遭到雷击；③ 确保所有人员尤其是老年人和儿童不要靠近窗户，不要外出；④ 不随意使用燃气、自来水等。

（4）台风强度减弱后，台风预警信号也常常会解除。此时应特别关注气象部门发布的暴雨预警信号和气象部门与国土资源部门联合发布的地质灾害气象风险预警信息，在收听或收视到高级别预警信息（如暴雨橙色、红色预警信号）后，应尽量避免外出。

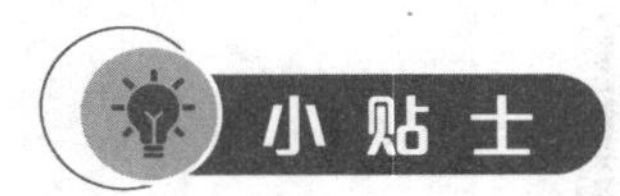

暴雨橙色预警信号表示 3 小时内降雨量将达 50 毫米以上，或者已达 50 毫米以上且降雨可能持续；暴雨红色预警信号表示 3 小时内降雨量将达 100 毫米以上，或者已达 100 毫米以上且降雨可能持续。

（二）地震

如发生地震，家政服务员应协同家庭成员科学避震。

1．选择合适的避震场所

发生地震时，应遵循“震时就地避险，震后迅速撤离”的原则。地震震动时间短、强度大，人们往往无法自主站立，很难迅速转移到室外。因此，发生地震时应保持冷静，快速根据家庭位置选择合适的避震场所，并注意避开危险区，如表 6-4 所示。

表 6-4　选择合适的避震场所

家庭位置	宜选择的避震场所	危险区
平房或一楼且室外开阔	室外空旷处	（1）高楼、桥、水坝等高大建筑物或高大树木旁； （2）街头变压器（图 6-13）、高压线、路灯、电线杆、广告牌等设施附近； （3）陡坡、狭窄街道、破旧房屋附近； （4）存放有易燃易爆物品的仓库附近
二楼及以上	（1）卫生间、储藏室等空间小、有承重墙或支撑物的房间； （2）坚固的床、桌子、茶几等的下方或旁边	（1）阳台或门窗附近，尤其是玻璃门窗附近； （2）燃气灶、家用电器附近； （3）吊灯、吊扇等悬挂物下方； （4）衣柜里面

图 6-13 街头变压器

2．采用正确的避震姿势

在避震过程中，家政服务员应协同家庭成员进行自我防护，采用以下姿势避震：

（1）放低身体重心，蹲、趴或侧卧在地面上，蜷缩身体，以减小身体受力面积，同时用双手或枕头护住头颈。

（2）抓紧桌腿等身边牢固的物体，以免身体失控而摔伤。

（3）用湿布捂住口鼻（图 6-14），以防地震引发的燃气泄漏、火灾等次生灾害对人体造成伤害。

3．正确求救

如不幸被压埋，应保持冷静并采用敲击物品（图 6-15）、呼叫等方法求救，然后耐心等待救援。注意不要长时间大声呼叫，应保持体力，待外面有人时再通过呼叫求救。

图 6-14 用湿布捂住口鼻

图 6-15 敲击物品

任务实施

模拟应对家庭意外情况

【任务描述】

家政服务员 A 近期参加了公司组织的家庭安全防护知识培训，培训结束后，公司要对参与培训的人员进行考核。以下为考核时设定的四种情景：

（1）雇主 B 因家中燃气泄漏而出现呕吐、心慌症状。

（2）雇主 B 的父亲在吃花生时不慎卡住了喉咙，导致呼吸困难。

（3）雇主 B 的儿子用手触碰插座插销，导致意外触电。

（4）雇主 B 家（位于四楼）所在地区发生地震，雇主 B 和家政服务员 A 正在客厅，附近有沙发、抱枕、茶几、玻璃窗、吊扇等。

请以小组为单位，模拟应对以上四种意外情况的过程。

【实施流程】

（1）学生自由分组，每组两人。

（2）小组成员根据任务描述选择其中一种意外情况，并准备所需物品。

（3）各小组中一人扮演家政服务员 A，另一人扮演雇主 B 或其家庭成员，模拟应对意外情况的过程。

（4）主讲教师对各小组进行点评。

学习成果自测

1．填空题

（1）常见的入室盗窃方式有__________、__________、__________、__________。

（2）现代家庭出现水患的原因包括__________、__________、__________等。

（3）如家庭成员出现呼吸道异物堵塞症状，家政服务员应用背部拍击法或________进行急救。

（4）发生地震时应遵循“______________，______________”的原则。

2．单项选择题

（1）为了预防现代家庭被盗，家政服务员不宜（　　）。

A．清除踩点标记　　B．给陌生人开门

C．严格保管雇主家的钥匙　　D．出门时检查门窗是否锁好

（2）为了预防现代家庭被骗，家政服务员应建议家庭成员（　　）。

A．谨慎看待高薪工作　　B．不过问老年人是否给陌生人转账

C．接听以“170”开头的电话　　D．点击陌生人发送的链接

（3）如起火位置在本楼层，家政服务员应立即（　　）。

A．通过疏散楼梯下楼　　B．向避难层或楼顶移动

C．轻触房门，以判断能否开门下楼　　D．开窗跳楼

（4）如家庭成员出现燃气中毒症状，家政服务员应立即（　　）。

A．让家庭成员平躺在地面上　　B．开灯检查家庭成员的情况

C．拨打 120 急救电话后在房间内等待救援　　D．开窗通风

（5）台风登陆时，家政服务员应（　　）。

A．用燃气做饭　　B．在窗户附近观察台风情况

C．关紧门窗　　D．用手机拨打电话求救

3．简答题

（1）简述消除火灾隐患的具体方法。

（2）简述应对意外触电的方法。

（3）简述正确的避震姿势。

学习成果评价

请进行学习成果评价，并将评价结果填入表 6-5 中。

表 6-5　学习成果评价表

班级：________　姓名：________　学号：________

评价项目	评价内容	分值	评分	
			自我评分	教师评分
知识（40%）	家庭防盗、家庭防骗、家庭防水患的具体方法	20		
	意外情况应对方法	20		
技能（40%）	能够防盗、防骗、防水患	20		
	能够预防与应对火灾、燃气中毒、呼吸道异物堵塞和意外触电等家庭安全事故	10		
	能够有效应对台风、地震等自然灾害	10		
素养（20%）	听从教师指挥，遵守课堂纪律	5		
	培养团队精神，提高团队凝聚力	5		
	增强服务意识，提高服务能力	5		
	守正创新，自信自强	5		
合计		100		
总分（自我评分×40%+教师评分×60%）				
自我评价				
教师评价				

项目七 现代家庭理财

项目引言

随着家庭财富的增长，现代家庭倾向于用科学、合理的方式管理家庭财务，这使得家政服务的内容更加丰富，为雇主提供理财咨询和管理服务也逐渐成为家政服务员的工作内容之一。本项目先简要介绍现代家庭理财的基础知识，然后介绍家庭储蓄和家庭保险的相关知识。

知识目标

- 了解家庭理财的含义。
- 掌握家庭理财的原则和技巧。
- 了解家庭储蓄的含义和类型。
- 掌握家庭储蓄的技巧。
- 了解家庭保险的含义和类型。
- 掌握购买家庭保险的技巧。

素质目标

- 学习家庭理财的原则，坚持实事求是，将理论与家庭实际相结合，在实践中检验真理。
- 学习家庭保险的相关知识，增强风险意识，在学习和生活中能够及时预见风险，做到“图之于未萌，虑之于未有”。

任务一　认识现代家庭理财

任务导入

一天，王太太在和朋友聊天时听闻李太太炒股赚了一大笔钱，便也想购买股票。然而，股市有风险，王太太拿不定主意，便询问阿秀有没有什么建议。阿秀回复道："家庭理财得谨慎些，我觉得您可以先统计家里的收支情况。如果有闲钱，您就可以购买股票。"王太太回复道："你说得对，看来购买股票前我得先记记账。"

思考：

（1）什么是家庭理财？

（2）如何进行家庭理财？

一、什么是家庭理财

家庭理财是指合理地管理家庭财产，使其保值、增值，最大限度地满足家庭成员当前和未来生活需要的过程。家庭理财的步骤包括分析财产状况、设定理财目标、制订理财方案，具体如表 7-1 所示。

表 7-1　家庭理财的步骤

步骤	说明
分析财产状况	统计和分析家庭收入、支出、债权、债务等情况
设定理财目标	（1）设定家庭财产的短期保值、增值目标，并根据实际情况进行阶段性调整； （2）设定家庭财产的长期保值、增值目标，一般需要满足家庭教育、医疗、住房、养老等方面的需要
制订理财方案	（1）节流：制订家庭消费计划，控制家庭支出； （2）开源：根据风险和收益水平选择不同的理财工具

合理进行家庭理财可以保障家庭财产安全、实现财产增值，以满足家庭生活基本需要，并进一步提高家庭成员的生活质量。

二、家庭理财的原则和技巧

为了帮助现代家庭科学理财，家政服务员需要掌握以下理财原则和技巧。

（一）家庭理财的原则

1．全面周到，深入分析

家政服务员在帮助现代家庭制订理财目标和方案时，需要从家庭收入和支出的细分类型出发，深入分析家庭收入来源和支出需求。例如，按收入来源划分，家庭收入可分为工资性收入、经营净收入、财产净收入和转移净收入等；按支出目的划分，家庭支出可分为食品烟酒，衣着，居住，生活用品及服务，交通和通信，教育、文化和娱乐，医疗保健，其他用品和服务八大类。

2．安全第一，防范风险

家庭理财的首要目标是保障家庭财产安全，其次是实现财产增值。因此，家政服务员应建议家庭成员在理财时注意防范风险，先将足额资金放入稳健型理财工具中，以满足家庭短期和长期生活需要，再将剩余资金放入高收入、高风险的激进型理财工具中，以实现增值。

不同理财工具的区别

常见的理财工具有储蓄、债券、保险、股票、信托、期货、外汇、房地产、金银、收藏等，不同理财工具在成本、收益、风险、周期等方面有所区别，具体如表 7-2 所示。

表 7-2　不同理财工具的区别

类型	成本	收益	风险	周期
储蓄	低	低	低	短
债券	低	中低	低	中长
保险	低	中	低	长
股票	中	高	高	中长
信托	中	中高	低	短
期货	中高	高	高	短
外汇	高	高	高	短
房地产	高	中高	中	长
金银	低	中	中	中
收藏	中	高	中	长

资料来源：国家机关事务管理局官网

3．量体裁衣，组合配置

家政服务员需要根据家庭实际情况制订理财方案，具体如下：

（1）根据家庭风险承受能力选择理财工具。例如，可以为风险承受能力较高的家庭选择外汇、股票等激进型理财工具，为风险承受能力较低的家庭选择储蓄等稳健型理财工具。

（2）组合配置多种理财工具。单一的理财工具很难满足现代家庭的理财需求，因此理财时宜组合配置多种理财工具，以弥补不同理财工具的缺陷，分散风险。

4．灵活调整，长期规划

现代家庭的理财需求会随着家庭生命周期的变化而发生变化。例如，新婚阶段的家庭可能有购房需求，满巢阶段的家庭可能有购买家庭保险的需求。因此，家政服务员需要根据现代家庭所处的生命周期阶段灵活调整理财方案。

家庭生命周期是指家庭经历的各个阶段，一般可分为单身阶段、新婚阶段、满巢阶段、空巢阶段和鳏（guān）寡阶段。其中，满巢阶段是指从第一个孩子出生到所有孩子长大成人、离开父母的阶段。

（二）家庭理财的技巧

常见的家庭收入和支出项目

1．坚持分类记账

只有明确家庭收支情况，才能制订出合理的理财目标和理财方案。因此，家政服务员应指导家庭成员养成分类记账的习惯。分类记账的一般步骤如下：① 对家庭收入和支出项目进行分类；② 记录家庭每天（或每周）收支情况；③ 分析月度、季度和年度的收支情况，调整收支计划。

2．合理分配收入

家政服务员可以指导家庭成员采用以下方法合理分配月收入：① “4321”理财法。将收入的 40%用于投资股票、债券、房地产等，30%作为日常生活费用，20%作为储蓄备用，10%用于购买保险。这种理财方法适合收入较高的家庭。② 收入三分法。将收入分成三份，分别作为日常生活费用、活动资金和储蓄。其中，活动资金可以根据家庭需要用于旅游、购物、投资等，储蓄则作为固定备用金。

课堂互动

某家庭的月收入为 5 万元（属于中高收入水平）。请问：该家庭应选择哪种方法分配每月家庭收入？具体应如何分配？

3．有效控制支出

只有有效控制家庭支出，才能不断积累家庭财产，实现理财目标。控制家庭支出的方法如下：① 减少不必要的支出；② 遵循“三一”定律，即家庭每月房贷、车贷等的还款数额不宜超过家庭月收入的 1/3。

任务实施

制订家庭理财方案

【任务描述】

雇主B每月会将一半收入用于投资股票，但近期股市低迷，因此雇主B计划调整家庭理财方案。雇主B的家庭情况如下：家住武汉，夫妻双方的月收入共计3万元，每月需还房贷7 000元。请根据雇主B的家庭情况为其制订一份家庭理财方案，包括合理分配每月家庭收入、选择理财工具。

【实施流程】

（1）学生自由分组，每组3人或4人，并选出小组长。

（2）小组成员根据任务描述查询相关资料，小组长组织讨论并形成理财方案，提交给主讲教师。

（3）主讲教师对各小组进行点评。

任务二　认识家庭储蓄

任务导入

在记账过程中，王太太发现家里大部分资金都存在活期储蓄存款账户中，收益很低。她计划选择一些收益更高的储蓄类型，便询问阿秀通常会选择哪些储蓄类型。阿秀回答道："我日常的生活费都存在活期储蓄存款账户中。另外，我每个月还会将部分资金存入零存整取定期储蓄存款账户中，这样既可以存钱，又能获得更多的利息。"

思考：

（1）什么是家庭储蓄？

（2）家庭储蓄有哪些类型？

一、什么是家庭储蓄

家庭储蓄是指将家庭所持有的资金存入银行、信用合作社等储蓄机构的活动。家庭储蓄受法律保护，具有安全可靠、形式灵活、可继承等特点。

二、家庭储蓄的类型

按存款和取款要求划分，家庭储蓄可分为多种类型，常见类型如表7-3所示。

表 7-3　常见的家庭储蓄类型

类型	特点	适用性
活期储蓄	无固定存期，无限额，可以随时存取、转汇	存储用于日常消费的资金
整存整取定期储蓄	存期固定，一次性存入本金，到期支取本金和利息	存储短期内不使用的大额资金
零存整取定期储蓄	事先约定存款金额，按约定逐月存入一定金额，到期支取本金和利息	存储每月固定结余的资金
存本取息定期储蓄	一次性存入本金，按约定时间分次支取利息，到期支取本金	存储短期内不使用的大额资金
整存零取定期储蓄	一次性存入本金，按约定时间分次支取本金，到期支取利息	存储需按计划支出的资金
定活两便储蓄	不约定存期，可随时支取，利率按存期确定	存储不确定存期的资金
通知存款	不约定存期，支取时提前通知储蓄机构，与其约定支取日期和金额	存储存取频繁的大额资金

通常情况下，定期储蓄存款利率高于活期储蓄存款利率，但有存期限制。定期储蓄存款的约定存期越长，利率就越高。

三、家庭储蓄的技巧

为了让储蓄存款能够最大限度地保值、增值，家政服务员可以指导家庭成员采用以下储蓄技巧。

（一）预先计算收益

储户将资金存入银行后，可以在约定时间支取本金和利息，这里的利息就是家庭储蓄产生的收益。

1．计息公式

一般可采用逐笔计息法，按预先确定的计息公式逐笔计算利息。具体计息公式如下：

（1）按存款的年（月）数计息。计息期为整年（月）的，计息公式如下：

利息=本金×年（月）数×年（月）利率

计息期有整年（月）又有零头天数的，计息公式如下：

利息=本金×年（月）数×年（月）利率+本金×零头天数×日利率

（2）将计息期全部转化为实际天数计息，计息公式如下：

利息=本金×实际天数×日利率

月利率=年利率÷12，日利率=年利率÷360。

2．计息方式

选择不同的储蓄类型时，计息方式也有所不同，如表 7-4 所示。

表 7-4　不同储蓄类型的计息方式

储蓄类型	具体情况	计息方式
活期储蓄	不清户	按结息日（即每季度末月的 20 日）挂牌公告的活期储蓄存款利率计息
	清户	按清户日挂牌公告的活期储蓄存款利率计息
定期储蓄	按期支取	按存单开户日（一般为存款当天）挂牌公告的定期储蓄存款利率计息
	提前支取全部资金	按支取日挂牌公告的活期储蓄存款利率计息
	提前支取部分资金	提前支取的部分按支取日挂牌公告的活期储蓄存款利率计息，其余部分到期时按存单开户日挂牌公告的定期储蓄存款利率计息
	逾期支取	超过原定存期的部分，除约定自动转存的外，按支取日挂牌公告的活期储蓄存款利率计息

例如，某储户于 2023 年 3 月 30 日整存整取定期储蓄存款 10 000 元，存期为 3 个月，到期日为 2023 年 6 月 30 日。假设年利率为 1.25%，支取日为 2023 年 7 月 15 日，支取日的活期储蓄存款年利率为 0.25%，若按存款月数计息，则该储户可获得的利息为：10 000×3×（1.25%÷12）+10 000×15×（0.25%÷360）=32.29 元。

在上例中，若按实际天数计息，该储户可获得多少利息？

（二）组合储蓄方式

家政服务员可建议家庭成员根据资金使用情况选择多种储蓄类型，常用的组合方法有以下几种：

阶梯存款法应用案例

（1）12 存单法。将家庭月收入的 10%～15%存为定期储蓄，存期可设为 1 年。

（2）阶梯存款法。将年终奖等单项大笔收入分为 5 等份，每份按 1 年、2 年、3 年、4 年、5 年存为定期储蓄，满 1 年后将 1 年定期储蓄的存期改为 5 年，满 2 年后将 2 年定期储蓄的存期改为 5 年，以此类推。

（3）合理使用通知存款。将用于近期（一般为 3 个月内）开支的大额资金存入通知存款账户。

（4）利滚利存款法。将采用存本取息定期储蓄方式获得的利息取出后，存入零存整取定期储蓄账户。

（三）规划教育储蓄

如雇主有子女，家政服务员可以推荐其规划教育储蓄，为子女积累教育资金。教育储蓄是指为城乡居民子女接受非义务教育（包括九年义务教育之外的全日制高中、大中专、大学本科、硕士和博士研究生）积累资金而开设的储蓄方式。教育储蓄具有储户特定、存期灵活、总额控制、利率优惠、利息免税的特点。

视野拓展

《教育储蓄管理办法》中对教育储蓄的规定

（1）教育储蓄的对象（储户）为在校小学四年级（含四年级）以上学生。

（2）教育储蓄采用实名制。办理开户时，须凭储户本人户口簿或居民身份证到储蓄机构以储户本人的姓名开立存款账户。

（3）教育储蓄为零存整取定期储蓄存款。存期分为一年、三年和六年。最低起存金额为 50 元，本金合计最高限额为 2 万元。开户时储户应与金融机构约定每月固定存入的金额，分月存入，中途如有漏存，应在次月补齐，未补存者按零存整取定期储蓄存款的有关规定办理。

（4）教育储蓄实行利率优惠。一年期、三年期教育储蓄按开户日同期同档次整存整取定期储蓄存款利率计息；六年期按开户日五年期整存整取定期储蓄存款利率计息。

（5）教育储蓄到期支取时按实存金额和实际存期计息。教育储蓄到期支取时应遵循以下规定：① 储户凭存折和学校提供的正在接受非义务教育的学生身份证明（以下简称“证明”）一次支取本金和利息。储户凭“证明”可以享受利率优惠，并免征储蓄存款利息所得税。② 储户不能提供“证明”的，其教育储蓄不享受利率优惠，即一年期、三年期按开户日同期同档次零存整取定期储蓄存款利率计息，六年期按开户日五年期零存整取定期储蓄存款利率计息。同时，应按有关规定征收储蓄存款利息所得税。

资料来源：中华人民共和国司法部官网

任务实施

制订家庭储蓄方案

【任务描述】

雇主 B 计划调整家庭储蓄方案。家政服务员 A 需要根据其家庭财产和需求情况提出建议，具体情况如下：

（1）雇主 B 现有活期储蓄存款 30 万元，家庭月收入为 3 万元，减去各项支出后每月结余 16 000 元。

（2）雇主 B 的女儿即将小学毕业，雇主 B 准备为其办理教育储蓄，存期为 3 年。

请根据中国银行、中国工商银行、中国建设银行等银行挂牌公告的储蓄存款利率为雇主 B 制订合理的家庭储蓄方案。

【实施流程】

（1）学生自由分组，每组 3 人或 4 人，并选出小组长。

（2）各小组根据任务描述选定一家银行，并查询该银行挂牌公告的各类储蓄存款的利率。

（3）小组长汇总小组成员查询到的资料并组织讨论，根据雇主 B 的实际情况为其制订家庭储蓄方案，然后将储蓄方案提交给主讲教师。

（4）主讲教师对各小组进行点评。

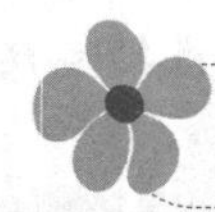

任务三　认识家庭保险

任务导入

因为购买了重大疾病保险，王太太上次住院期间并未花费很多费用。王太太觉得很划算，便考虑多配置一些家庭保险。但是市面上的保险类型太多，王太太看得眼花缭乱，一时不知道如何选择，便让阿秀帮忙一起筛选。阿秀根据王太太的家庭情况为其选择了人寿保险、意外伤害保险等。结合阿秀的建议，王太太为自己、丈夫、父母和两个孩子都购买了保险。

思考：

（1）什么是家庭保险？

（2）家庭保险有哪些类型？

一、什么是家庭保险

保险是指投保人根据合同约定向保险人支付保险费，保险人对合同约定的可能发生的事故因其发生造成的财产损失承担赔偿保险金责任，或者当被保险人死亡、伤残、患病或者达到合同约定的年龄、期限时承担给付保险金责任的商业行为。

家庭保险是指为特定家庭成员购买的保险。意外事故无法预测，一旦发生，可能使家庭成员遭受人身损害或财产损失。购买家庭保险后，家庭成员可以在发生保险事故后获得赔偿，从而增强家庭的抗风险能力。

常用保险术语

投保：个人或机构购买保险产品的过程。

承保：保险人接受投保人的投保申请，并与投保人订立保险合同的过程。

保险人：与投保人订立保险合同，按照保险合同约定承担赔偿或者给付保险金责任的保险公司。

投保人：与保险人订立保险合同，按照保险合同约定负有支付保险费义务的人。

被保险人：享有保险金请求权的人，其财产或人身受保险合同保障。

受益人：合同中由被保险人或投保人指定的享有保险金请求权的人。

保险标的：作为保险对象的财产及其有关利益或者人的寿命和身体。

保险事故：保险合同约定的保险责任范围内的事故。

保险责任：保险合同中约定的保险人向被保险人提供保险保障的范围。

责任免除：保险合同中约定的保险人不承担或者限制承担的责任范围。

保险期间：保险责任的起讫（qì）期间。

保险金：保险事故发生后，保险人根据保险合同约定的方式、数额或标准，向被保险人或受益人赔偿或支付的金额。

保险金额：保险人承担赔偿或者给付保险金责任的最高限额。

资料来源：《保险术语》（GB/T 36687—2018）

二、家庭保险的类型

（一）按保险标的划分

按保险标的划分，家庭保险可分为家庭财产保险和人身保险。

1．家庭财产保险

财产保险是指以财产及其有关利益为保险标的的保险。家庭财产保险是指以个人所有、占有或负有保管义务的位于指定地点的财产及其有关利益为保险标的的财产保险，主要包括普通家庭财产保险、家庭财产两全保险、投资保障型家庭财产保险、个人贷款抵押房屋保险，如表 7-5 所示。

表 7-5　家庭财产保险的类型

类型	说明
普通家庭财产保险	主要承保房屋、室内装潢、室内财产、家用设备等，保险期间一般为 1 年
家庭财产两全保险	具有经济补偿、到期还本的性质，承保范围与普通家庭财产保险基本相同，保险期间一般为 3 年、5 年

续表

类型	说明
投资保障型家庭财产保险	具有保障和投资功能，承保范围与普通家庭财产保险基本相同，保险期间一般为3年、5年
个人贷款抵押房屋保险	对申请贷款的房屋承保，保险期间一般与贷款期限一致

2. 人身保险

人身保险是指以人的寿命和身体为保险标的的保险。人身保险包括人寿保险、意外伤害保险、健康保险、年金保险，具体如表7-6所示。

表7-6 人身保险的类型

类型	定义	细分类型
人寿保险	以人的寿命为保险标的的人身保险	定期寿险、终身寿险、两全保险等
意外伤害保险	以被保险人因意外事故而导致身故、残疾或者发生合同约定的其他事故为给付保险金条件的人身保险	普通意外伤害保险、特定意外伤害保险等
健康保险	以健康状况不佳导致损失为给付保险金条件的人身保险	疾病保险、医疗保险、失能收入损失保险、护理保险等
年金保险	以被保险人生存为给付保险金条件，并按约定的时间间隔分期给付保险金的人身保险	养老年金保险、定期年金保险、联合年金保险等

（二）按营利性质划分

按营利性质划分，家庭保险可分为社会保险和商业保险。

社会保险是指国家通过立法多渠道筹集资金，对劳动者在因年老、患病、失业、工伤、生育而减少劳动收入时给予经济补偿，使其能够享有基本生活保障的保险。社会保险具有强制性、共济性和普遍性等特征，主要包括养老保险、医疗保险、失业保险、工伤保险和生育保险等项目。

商业保险是指通过订立保险合同运营，以营利为目的的保险。其基本特征包括当事人双方订立保险合同，双方的权利与义务对等，保险公司自主经营、自负盈亏、依法纳税，政府对其不给予经济上的扶持。

社会保险与商业保险的区别如表7-7所示。

表7-7 社会保险与商业保险的区别

项目	社会保险	商业保险
实施目的	保障社会成员的基本生活需要	营利
实施方式	法律强制实施	遵循“契约自由”原则
实施主体	国家专门机构	保险公司
实施对象	法定范围内的社会成员	符合承保条件的任何人
保障水平	提供基本保障，保障水平较低	保险费金额越高，保障水平就越高

三、购买家庭保险的技巧

家庭中常见的风险

为了保障现代家庭的权益，家政服务员可以指导家庭成员通过以下技巧购买合适的保险。

（一）评估需求，合理配置

在购买家庭保险前，需要综合评估家庭保险需求，确定保险购买方案。

（1）综合评估家庭保险需求。分析风险对象可能面临的风险和风险发生的概率，从而判断可购买的保险类型。例如，表 7-8 是某家政服务员帮助其雇主列的家庭保险需求评估表。

表 7-8　家庭保险需求评估表

保障项目	风险对象	可能面临的风险	风险发生的概率	可购买的保险类型
人身安全	父母	意外伤害	低	普通意外伤害保险
		患一般疾病	高	医疗保险
		患重大疾病	中	重大疾病保险
		身体失能	低	失能收入损失保险、护理保险
		身故	低	两全保险
家庭财产	房屋、车、首饰和其他可投保的财产	意外损毁	低	投资保障型家庭财产保险
		遭遇盗窃、抢劫	低	

小贴士

风险发生的概率与家庭成员的健康状况、年龄、性别、职业和家庭居住地等相关。

（2）优先为可能带来较大损失的小概率事件投保。如某事件发生后会带来较大损失，使得家庭缺乏足够的抵抗能力，就需要提前购买相关保险。例如，优先考虑为作为家庭支柱的成员购买人身保险，以免其发生意外后家庭面临较大的经济困难。

（二）量力而行，避免盲从

购买家庭保险需要长期投入，会产生一定的家庭支出。因此，家政服务员应建议家庭成员量力而行，购买保险时合理投入资金。具体方法如下：

（1）参考“双十定律”确定保险费和保险金额。家庭年度保险费宜为家庭年收入的 10%，保险金额宜为家庭年收入的 10 倍。

课堂互动

如某家庭年收入为10万元，则应投入多少保险费？保险金额应为多少？

（2）根据未来的家庭收支情况确定保险期间。如无法确定未来是否有足够的资金用于购买保险，则可以先选择保险期间为1年或2年的短期保险。

（3）以抵抗风险为主，储值、投资为辅。具有储蓄、投资等性质的保险通常保险费较高，如家庭经济状况一般，应谨慎选择。

（三）谨慎签约，避免轻信

订立保险合同时，家政服务员应建议家庭成员注意以下几点：

（1）与正规的保险公司订立保险合同。

（2）在订立合同前，需要充分理解保险条款的内容，包括保险责任、责任免除、交费方式、收益情况、理赔方式、免赔额、等待期等。

（3）履行告知义务，如实向保险公司告知保险标的和被保险人的有关情况，以免合同失效，无法获得赔偿。

（4）切勿轻信保险推销员的营销陷阱，如口头许诺给予合同外的利益。

（四）定期调整，不断完善

随着时间的推移，家庭的保险需求和投保能力也会发生变化。因此，家政服务员可建议家庭成员结合家庭实际情况投保，并在投保1～2年后再次评估家庭保险需求和经济能力，通过增减保险金额、变更被保险人或受益人、变更保险产品等方式完善家庭保险方案。例如，聘请家政服务员后，可以购买家政服务保险（如家政服务员意外伤害保险）；家庭收入增加后，可以适当增加已有保单的保险金额。

任务实施

制订人身保险配置方案

【任务描述】

雇主B准备为父母（均为55岁，身体健康）、自己（30岁，身体健康）、丈夫（32岁，身体健康）和儿子（6岁，身体健康）购买保险。请选择其中一名家庭成员，为其制订人身保险配置方案，并查询该类保险的保险责任、责任免除、保险期间等信息。

【实施流程】

（1）学生自由分组，每组3人或4人，并选出小组长。

（2）各小组根据任务描述选定一名家庭成员，并在保险公司官网上查询适合该家庭

成员投保的人身保险类型。

（3）小组长汇总小组成员查询到的资料并组织内部讨论，为本小组选择的家庭成员制订人身保险配置方案，然后将方案提交给主讲教师。

（4）主讲教师对各小组进行点评。

学习成果自测

1．填空题

（1）家庭理财的步骤包括______________、______________、______________。

（2）________储蓄无固定存期，无限额，可以随时存取、转汇。

（3）按保险标的划分，家庭保险可分为__________和__________。

2．单项选择题

（1）以下选项中，（　　）不是家庭理财的原则。

A．组合配置　　B．全面周到
C．阶段调整　　D．挑战风险

（2）在指导家庭成员理财时，家政服务员应建议其（　　）。

A．分类记账　　B．只选择一种理财工具
C．将50%的家庭收入作为储蓄　　D．多选择股票等高收益的理财工具

（3）选择定期储蓄时，若要提前支取全部资金，则应按（　　）挂牌公告的活期储蓄存款利率计息。

A．结息日　　B．支取日
C．存单开户日　　D．到期日

（4）以下选项中，（　　）不是组合储蓄的方法。

A．利滚利存款法　　B．阶梯存款法
C．合理使用通知存款　　D．21存单法

（5）以下选项中，（　　）不是教育储蓄的特点。

A．储户特定　　B．存期灵活
C．总额不限　　D．利率优惠

（6）以下属于人寿保险的是（　　）。

A．两全保险　　B．疾病保险
C．失能收入损失保险　　D．护理保险

（7）购买家庭保险时，家政服务员应建议家庭成员（　　）。

A．综合评估保险需求　　B．多选择投资型保险产品
C．尽量选择长期保险产品　　D．配置所有保险类型

3．简答题

（1）简述分类记账的一般步骤。

（2）简述逐笔计息法的计息公式。

（3）简述订立保险合同的注意事项。

学习成果评价

请进行学习成果评价，并将评价结果填入表 7-9 中。

表 7-9　学习成果评价表

班级：________　　姓名：________　　学号：________

评价项目	评价内容	分值	评分	
			自我评分	教师评分
知识（40%）	家庭理财的含义	4		
	家庭理财的原则和技巧	8		
	家庭储蓄的含义和类型	7		
	家庭储蓄的技巧	7		
	家庭保险的含义和类型	7		
	购买家庭保险的技巧	7		
技能（40%）	能够与他人协作制订简单的家庭理财方案	16		
	能够与他人协作制订家庭储蓄方案	12		
	能够与他人协作制订家庭保险配置方案	12		
素养（20%）	听从教师指挥，遵守课堂纪律	5		
	培养团队精神，提高团队凝聚力	5		
	增强服务意识，提高服务能力	5		
	守正创新，自信自强	5		
合计		100		
总分（自我评分×40%+教师评分×60%）				
自我评价				
教师评价				

项目八 现代家庭教育指导

项目引言

家庭教育影响着儿童的成长和家庭的幸福，关系到社会的稳定。当前，部分家长对家庭教育缺乏足够的认识，面临教育迷茫和教育焦虑的困境。家政服务员应采用科学方法，为现代家庭答疑解惑、排忧解难，提供合理的家庭教育指导服务。本项目先简要介绍现代家庭教育指导的基础知识，然后详细介绍如何针对不同年龄段的儿童、特殊家庭和特殊儿童开展家庭教育指导。

知识目标

- 了解家庭教育指导的含义和作用。
- 熟悉家庭教育指导的原则和方法。
- 熟悉不同年龄段儿童的家庭教育指导要点。
- 了解特殊家庭和特殊儿童的家庭教育指导要点。

素质目标

- 学习“家政服务员将《家庭教育促进法》带进家庭”案例，培养法治意识，提高法治素养，争做尊法、学法、守法、用法的模范。
- 学习如何针对不同年龄段的儿童开展家庭教育指导，学会用发展的眼光看问题。

任务一　认识现代家庭教育指导

任务导入

近期，王太太夫妻俩在家庭教育问题上产生了分歧。王先生认为不能溺爱孩子，否则孩子会越发蛮横无理；王太太则认为不能对孩子过于严厉。针对二人的观点，阿秀提出在家庭教育中应严慈并济，既要加强关爱，给予孩子发展的自由，也要设定行为规范，约束孩子的不良行为。听完阿秀的建议后，王先生意识到自己对孩子应该更加宽容；王太太也开始转变想法，专门组织家庭会议，和孩子们一起制订家庭生活守则。

思考：

（1）什么是家庭教育指导？

（2）家庭教育指导的方法有哪些？

一、什么是家庭教育指导

家庭教育指导是指相关机构为提高家长教育儿童的能力而提供专业性支持和引导服务的过程。

家庭是个人的第一课堂，家庭教育对个人行为习惯、思维方式、思想品德、价值观的形成与发展具有基础性作用。开展家庭教育指导可以起到以下作用：① 引导家长树立正确的家庭教育观念；② 引导家长学习儿童身心发展知识，掌握科学的家庭教育方法；③ 帮助家长调节负面情绪和错误认知；④ 加强法治宣传和教育，预防未成年人违法犯罪，促进家庭教育合法化，维护儿童的合法权益；⑤ 促进儿童身心健康发展；⑥ 缓和家长和儿童之间的矛盾，改善亲子关系。

素质之窗

家政服务员将《家庭教育促进法》带进家庭

2022 年 5 月 9 日—15 日是《中华人民共和国家庭教育促进法》（以下简称《家庭教育促进法》）实施以来的首个全国家庭教育宣传周。重庆市长寿区妇女联合会开展了各类《家庭教育促进法》宣传活动，联合家政服务员深入家庭，积极传播家庭教育观念，促进《家庭教育促进法》走进千家万户。

在活动中，家政服务员是《家庭教育促进法》的一线宣传者，他们在入户提供服务时，会主动宣传《家庭教育促进法》的相关理念，与雇主共同学习家长应承担的主

体责任和科学育儿方法等，让很多因工作繁忙而忽略家庭教育的家长明白“家庭是第一个课堂，家长是第一任老师”。

资料来源：中国妇女网

二、家庭教育指导的原则

家政服务员在开展家庭教育指导时，需要遵循思想性原则、科学性原则、儿童为本原则、家长主体原则。

（一）思想性原则

《论语·述而》中记载：“子以四教：文、行、忠、信。”这表明孔子不仅教文化知识，还非常重视将弟子培养成懂得生活实践、待人忠诚、讲究信用的人。同样地，家政服务员应坚持以立德树人为根本任务，以促进儿童健康成长为目标，弘扬中华优秀传统文化、革命文化、社会主义先进文化，引导家长加强对儿童的思想教育。

家庭教育的内容

根据《家庭教育促进法》第十六条的规定，未成年人的父母或者其他监护人应当针对不同年龄段未成年人的身心发展特点，以下列内容为指引，开展家庭教育：

（1）教育未成年人爱党、爱国、爱人民、爱集体、爱社会主义，树立维护国家统一的观念，铸牢中华民族共同体意识，培养家国情怀。

（2）教育未成年人崇德向善、尊老爱幼、热爱家庭、勤俭节约、团结互助、诚信友爱、遵纪守法，培养其良好社会公德、家庭美德、个人品德意识和法治意识。

（3）帮助未成年人树立正确的成才观，引导其培养广泛兴趣爱好、健康审美追求和良好学习习惯，增强科学探索精神、创新意识和能力。

（4）保证未成年人营养均衡、科学运动、睡眠充足、身心愉悦，引导其养成良好生活习惯和行为习惯，促进其身心健康发展。

（5）关注未成年人心理健康，教导其珍爱生命，对其进行交通出行、健康上网和防欺凌、防溺水、防诈骗、防拐卖、防性侵等方面的安全知识教育，帮助其掌握安全知识和技能，增强其自我保护的意识和能力。

（6）帮助未成年人树立正确的劳动观念，参加力所能及的劳动，提高生活自理能力和独立生活能力，养成吃苦耐劳的优秀品格和热爱劳动的良好习惯。

由此可见，思想教育在家庭教育中具有非常重要的地位。

（二）科学性原则

家庭教育指导需要遵循家庭教育规律，贯彻科学的家庭教育观念，采用科学的家庭教育方法。此外，家政服务员应努力提高自己的专业素养和能力，积极学习教育学、心理学、护理学等多门学科的专业知识，以便为家长提供科学的指导服务。

（三）儿童为本原则

科学的家庭教育应遵循儿童成长规律，以儿童的健康成长为核心出发点。在开展家庭教育指导时，家政服务员需要注意以下几点：① 把握共性特征，根据不同年龄段儿童的身心发展特点确定家庭教育指导要点，选择合适的家庭教育方法；② 尊重每个儿童的个性特征，促进儿童自然、全面发展；③ 尊重和保护儿童的各项权利，不歧视、虐待儿童。

（四）家长主体原则

家长是儿童的第一任老师。在家庭教育指导过程中，家政服务员应坚持以家长为家庭教育责任主体的原则，在此基础上为其提供支持和指导服务。家政服务员应学会“家长教育”，具体包括以下几点：① 平等地和家长对话，尊重家长的家庭教育观念，引导其形成正确的家庭教育观念；② 采用多种方式指导家长掌握科学的家庭教育知识和方法；③ 充分调动家长参与家庭教育的积极性，帮助家长调节其在家庭教育过程中产生的负面情绪，引导其以乐观的态度看待家庭教育中的问题和困难。

三、家庭教育指导的方法

家政服务员可以采用讲授法、讨论法、参与法等方法开展家庭教育指导。

（一）讲授法

讲授法是指家政服务员直接向家长讲解家庭教育相关知识（如家庭教育的作用、内容、科学理念、基本方法等）的方法。其中，家庭教育的基本方法包括亲子陪伴、共同参与、相机而教、言传身教、严慈相济、因材施教、平等交流等。

1. 亲子陪伴

亲子陪伴有利于促进儿童心理健康成长，引导儿童培养良好的性格和正确的价值观。家政服务员应向家长讲解亲子陪伴的重要性，教授高质量陪伴的方法，具体如下：① 坚持每天预留亲子互动时间；② 选择阅读、聊天、玩耍、运动等陪伴方式；③ 陪伴时仔细观察并善于发现儿童的兴趣和烦恼，及时纠正儿童的不良行为。

亲子陪伴的质量比时长更重要。家政服务员应指导家长在亲子陪伴过程中保持全神贯注，让儿童感受到被充分关注，以形成正向互动。

2．共同参与

父母在家庭教育中具有不同的作用。例如，多数父亲较为严厉，有助于培养儿童的自制力；多数母亲心思细腻、善解人意，有助于培养儿童的共情能力。家政服务员应引导家长共同参与家庭教育，充分发挥父母双方的教育优势。

3．相机而教

家政服务员可以指导家长从生活实际出发，多带儿童参加家务劳动、户外实践（图 8-1）等活动，使儿童通过真实的生活情境和个人体验深入理解知识、锻炼个人能力。例如，带儿童在户外玩耍时，可教儿童认识不同的植物。

图 8-1　带儿童参加户外实践

4．言传身教

家长的言谈举止会潜移默化地影响儿童。例如，家长言语温和，行为有礼，儿童就会模仿家长，以礼待人。因此，家政服务员应向家长讲解言传身教的重要性，引导其通过提高自身素养、减少不良行为来为儿童提供示范。

5．严慈相济

家长过于严厉，会使儿童变得自卑、懦弱；家长溺爱儿童，会使儿童变得骄纵、自私。家政服务员应指导家长严慈相济，与儿童相处时注意以下几点：① 关注并满足儿童的合理需求。② 善于发现儿童的优点，宽容对待儿童的错误和不足，及时鼓励儿童。③ 设定行为规范，让儿童明白哪些行为可为、哪些行为不可为。例如，要及时制止儿童大声喧哗、乱丢垃圾、恶意伤人等不文明、不礼貌的行为。④ 不过分斥责、体罚儿童，以免伤害儿童的自尊心。

你如何看待“棍棒底下出孝子”的家庭教育观念？

6．因材施教

不同儿童在年龄、身体素质、学习能力、性格、兴趣爱好等方面存在差异。因此，家政服务员应向家长讲解因材施教的重要性，引导家长关注儿童的兴趣爱好，充分发挥儿童的优点和长处。

素质之窗

因材施教

孔子在教导学生时注重因材施教，善于根据学生的智力、性格等去教导他们。子路曾问孔子听到他人意见后是否应立即照做，孔子回答要先请示父兄。冉有也问过孔子同样的问题，孔子却让他立即照做。公西华对此不解，便询问孔子为何两次的回答不同。孔子回答说："求（冉有）也退，故进之；由（子路）也兼人，故退之。"因为冉有为人谦让，应多加鼓励；而子路轻率刚猛，应引导其谨慎行事。

资料来源：中国孔子网

7. 平等交流

儿童是独立发展的个体，给予他们充分的理解和尊重有助于其身心健康发展。家政服务员应告知家长理解和尊重儿童的重要性，讲解以下平等交流方式：① 用开放式问题提问，鼓励儿童多表达内心的想法，培养其独立思考能力；② 以引导为主，不嘲笑儿童的想法，不强制儿童听从自己的意见；③ 不敷衍、忽视儿童。

开放式问题的优点

小贴士

开放式问题是指不限定答案范围的问题，通常以"为什么""什么""怎么样""怎样""如何"等为疑问词。

（二）讨论法

讨论法是指家政服务员与家长共同沟通家庭教育问题并讨论解决方案的方法。讨论法的一般步骤如下：① 了解家长需求、家庭教育资源、儿童的个性和行为表现等信息；② 客观分析现有家庭教育方法的优缺点和儿童的成长需求；③ 与家长讨论具体的家庭教育问题，并就教育目标达成一致意见；④ 根据教育目标提供解决方案，并与家长沟通调整。

在与家长沟通的过程中，家政服务员应充分考虑儿童的年龄和个性特征，依据个人观察和家长陈述进行客观分析，善于从家长和儿童的角度考虑问题。

（三）参与法

参与法是指家政服务员直接参与儿童的教育过程，从学业知识、生活技能等方面对儿童进行指导的方法。采用该方法时，家政服务员需要注意以下几点：① 了解儿童的兴趣爱好、特长、优缺点等，观察儿童的日常行为，探索与儿童互动的最佳方式，并将相关情

况反馈给家长；② 选择便于儿童理解和接受的教育方法，如用实物演示法（图 8-2）教授理论知识；③ 向家长示范如何进行合理的家庭教育。

图 8-2　实物演示法

任务实施

家庭教育方法分析

【任务描述】

叶圣陶的儿子叶至善小学时奋发读书，考取了一所学风严格的中学，但仅读了一年，便因四门课程不及格而被迫留级。叶至善的母亲关心儿子的学习成绩，不免责备。叶圣陶却认为学习成绩并不能代表实际水平，他更看重叶至善知识面广、表达能力强的优点。因此，叶圣陶便安慰儿子，让他不要有思想包袱，并将他转到另一所中学。新学校学业轻松，叶至善有很多课外时间做自己感兴趣的事，逐渐培养了浓厚的学习兴趣，还发展了各种爱好。

叶圣陶鼓励叶至善多看书，让叶至善自己决定读什么书，并且要求他读完后要讲讲从书中学到的知识。叶圣陶还要求叶至善写文章，不限定主题，喜欢什么便写什么。然后，他会仔细批改儿子写的文章，批改时只提供思路、简单引导，尽量让儿子独立思考具体修改方法。在叶圣陶的长期指导下，叶至善有了深厚的文字功底。

【实施流程】

（1）学生自由分组，每组 4～6 人，并选出小组长。

（2）小组成员阅读上述案例，就以下问题进行讨论：① 上述案例中体现了哪些家庭教育方法？② 家政服务员应如何指导家长学会这些方法？

（3）小组长汇总、整理讨论结果，并在课堂上讲解。

（4）主讲教师对各小组进行点评。

任务二　熟悉现代家庭教育指导的要点

任务导入

小明已经 11 岁了，即将小学毕业。王先生想把小明送到寄宿中学，但王太太有点犹豫。一天，王太太和阿秀谈论起这件事时说道：“我担心小明无法适应集体生活，也担心他会学坏。”阿秀表示理解，同时建议说：“您不妨和小明聊聊，了解一下他的想法。关于您担心的事情，我认为通过合理的家庭教育是可以避免的，比如多锻炼小明的生活技能，督促他养成良好的学习习惯、生活习惯和劳动习惯，多进行价值观的引导，同时多与老师沟通。”王太太认为阿秀说得有道理，准备当天晚上与小明沟通。

思考：

如何针对 6～12 岁的儿童开展家庭教育指导？

家政服务员需要根据不同年龄段儿童的身心发展特点和家庭的具体情况等开展家庭教育指导。新婚期及孕期的家庭教育指导，针对 0～3 岁、3～6 岁、6～12 岁、12～15 岁、15～18 岁等年龄段儿童的家庭教育指导，针对特殊家庭和特殊儿童的家庭教育指导的要点有所不同，以下分别介绍。

一、新婚期及孕期的家庭教育指导

家庭教育指导应从新婚期及孕期抓起，家政服务员可通过普及优生优育优教知识，帮助新婚期及孕期家庭成员提前适应新角色。

（一）做好怀孕准备

鼓励备孕夫妇学习优生优育优教的基本知识，并为新生命的诞生做好思想上、物质上的准备。引导备孕夫妇参加健康教育、健康检查、风险评估、咨询指导等专项服务。对于不孕不育者，引导其科学诊断、对症治疗，并给予心理辅导。

（二）注重孕期保健

指导孕妇掌握优生优育知识，配合医院进行孕期筛查和产前诊断，做到早发现、早干预；避免烟酒、农药、化肥、辐射等化学和物理致畸因素，预防病毒、寄生虫等生物致畸因素的影响；科学增加营养，合理作息，适度运动，进行心理调适，促进胎儿健康发育。对于大龄孕妇、有致畸因素接触史的孕妇、怀孕后有疾病的孕妇以及具有其他不利优生因素的孕妇，督促其做好产前医学健康咨询和诊断。

（三）提倡自然分娩

指导孕妇认识自然分娩的益处，科学选择分娩方式；认真做好产前医学检查，并协助舒缓临盆孕妇的焦虑心理。帮助产妇调节情绪，预防和妥善应对产后抑郁。

（四）做好育儿准备

指导准家长学习育儿基本知识和方法，购置新生儿生活必备用品和保障母婴健康的基本用品；做好已有子女对新生子女的接纳工作；妥善处理好生育、抚养与家庭生活、职业发展的关系；统一家庭教育观念，营造安全、温馨的家庭环境。

二、0～3 岁儿童的家庭教育指导

0～3 岁是儿童身心发展最快的时期。儿童的身高和体重迅速增长，神经系统结构发展迅速；感知觉飞速发展；遵循由头至脚、由大动作至小动作的发展原则，逐步掌握人类行为的基本动作；语言能力迅速发展；表现出一定的交往倾向，乐于探索周围世界；对家长有强烈依赖感；道德发展处于前道德期。在此阶段，家政服务员开展家庭教育指导的要点如下。

（一）提倡母乳喂养

指导乳母加强乳房保健，在产后尽早用正确的方法哺乳；在睡眠、情绪和健康等方面保持良好状态，平衡膳食，增加营养；在母乳不充足的阶段采取科学的混合喂养，适时添加辅食。

（二）鼓励主动学习儿童日常养育和照料的科学知识与方法

引导家长让儿童多看、多听、多运动、多抚触，带领儿童开展适当的运动、游戏，增强儿童体质。指导家长按时为儿童预防接种，培养儿童健康的卫生习惯，注意科学的膳食搭配；配合医疗部门完成相关疾病筛查，做好儿童生长发育监测，学会观察儿童，及时发现儿童发展中的异常表现，及早进行干预；学会了解儿童常见病的发病征兆及应对方法，掌握病后护理常识；了解儿童成长的特点和表现，学会倾听、分辨和理解儿童的多种表达方式。

（三）制订生活规则

指导家长了解儿童成长规律及特点，并据此制订日常生活规则，按照规则指导儿童的行为；采用鼓励、表扬等正面教育为主的方法，培养儿童健康生活方式。

（四）丰富儿童感知经验

指导家长创设便于儿童充分活动的空间与条件，充分利用日常生活环境中的真实物品和现象，让儿童在爬行、观察、听闻、触摸等活动过程中获得各种感知经验，促进感官发展。

（五）关注儿童需求

指导家长为儿童提供抓握、把玩、涂鸦（图 8-3）、拆卸等活动的机会、工具和材料，用多种形式发展儿童的小肌肉精细动作和大肌肉活动能力；分享儿童的快乐，满足儿童好奇、好玩的认知需要，激发儿童的想象力和好奇心。

图 8-3 涂鸦

（六）提供言语示范

指导家长为儿童创设宽松、愉快的语言交往环境，通过表情、肢体、口头语言等多种方式与儿童交流；提高自身语言表达素养，为儿童提供良好的言语示范；为儿童的语言学习提供丰富的机会，运用多种方法鼓励儿童表达；积极回应儿童，鼓励儿童之间的模仿和交流。

视野拓展

儿童语言发展阶段

儿童大致会经历 5 个语言发展阶段，每个阶段会出现具有标志性意义的典型语言行为，具体如表 8-1 所示。

表 8-1 儿童语言发展阶段

阶段	语言行为
6 月龄	咿呀学语，能够感知音位（即语言中用来区别词义的最小语音单位）
1～1.5 岁	可以说单词句，主要是名词、动词等，如“妈妈”“吃”
1.5～2 岁	词汇量激增，可以组合双词，如“爸爸抱”“玩积木”
2～3 岁	可以说简单句
3～4 岁	可以说复杂句，理解间接言语行为

资料来源：《中国大百科全书》第三版网络版

（七）增强安全意识

提高家长有效看护意识和技能，指导家长消除居室和周边环境中的危险性因素，防止儿童意外伤害事故发生。

（八）加强亲子陪伴

指导家长认识到陪伴对于儿童成长的重要性，学会建立良好的亲子依恋关系，不用电子产品代替家长陪伴儿童，多与儿童一起进行亲子阅读（图 8-4）；学习亲子沟通的技巧，与儿童建立开放的沟通模式；关注、尊重、理解儿童的情绪，合理对待儿童过度情绪化行为，有针对性地实施适合儿童个性的教养策略，培育儿童良好情绪；处理好多子女家庭的亲子关系、子女之间的关系，让每个儿童都得到健康发展。

图 8-4　亲子阅读

（九）重视发挥家庭各成员角色的作用

指导家长积极发挥父亲在家庭教育中的作用；了解父辈祖辈联合教养的正面价值，适度发挥祖辈参与的作用；引导祖辈树立正确的教养理念。

（十）做好入园准备

指导家长认识儿童社会性发展的重要性，珍视幼儿园教育的价值。入园前，指导家长有意识地培养儿童一定的生活自理能力及对简单规则的理解能力；入园后，指导家长与幼儿园教师积极沟通，共同帮助儿童适应入托环境，平稳度过入园分离焦虑期。

家长如何帮儿童做好入园准备

三、3～6 岁儿童的家庭教育指导

3～6 岁是儿童身心快速发展的时期。儿童的身高和体重稳步增长，大脑、神经、动作技能等获得长足的进步；自我独立意识增强，开始表现出一定的兴趣爱好、脾气等个性倾向；初步具备自我情绪调节能力；愿意与同伴交往，乐于分享；学习能力开始发展，语言表达能力强；依恋家长，会产生分离焦虑；处于道德他律期，独立性、延迟满足能力、自信心都有所发展。在此阶段，家政服务员开展家庭教育指导的要点如下。

（一）积极带领儿童感知家乡与祖国的美好

指导家长通过和儿童一起外出游玩、观看影视文化作品等多种方式，了解有关家乡、祖国各地的风景名胜、著名建筑、独特物产等；适时向儿童介绍国旗、国歌、国徽的含义，带领儿童观看升国旗、奏国歌等仪式，培育儿童对家乡和祖国的朴素情感。

（二）引导儿童关心、尊重他人，学会交往

指导家长培养儿童尊重长辈、关心同伴的美德；关注儿童日常交往行为，对儿童的交往态度、行为及时提供帮助和辅导；结合实际情境，帮助儿童理解他人的情绪，了解他人的需要，做出适当的回应；引导儿童学会接纳差异，关注他人的感受；培养儿童多方面的兴趣爱好和特长，增强儿童与人交往的自信心；经常带儿童接触不同的人际环境，为儿童创造交往机会，帮助儿童学会与同伴相处。

（三）培养儿童的规则意识，增强社会适应性

指导家长结合儿童生活实际，为儿童制订日常生活规范、游戏规范、交往规范，遵守家庭基本礼仪；要求儿童完成力所能及的任务，培养责任感和认真负责的态度；有意识地带儿童走出家庭，接触丰富的社会环境，增强社会适应性；在儿童遇到困难时，以鼓励、疏导的方式给予其必要的帮助与支持。

我国古代经典家训

家训是指家长为子孙写的训导之词，即对子孙行为的约束规范。我国古代有很多经典家训，对现代家庭建设良好家风仍具有重要参考价值。

1．诸葛亮诫子格言

三国蜀汉政治家、军事家诸葛亮临终前给儿子诸葛瞻写了一封家书——《诫子书》，劝勉儿子勤学、立志、修身、养德。《诫子书》全文如下："夫君子之行，静以修身，俭以养德。非淡泊无以明志，非宁静无以致远。夫学须静也，才须学也，非学无以广才，非志无以成学。淫慢则不能励精，险躁则不能冶性。年与时驰，意与日去，遂成枯落，多不接世，悲守穷庐，将复何及！"

2．颜氏家训

北齐文学家、音韵训诂学家颜之推通过记述个人经历、思想、学识来告诫子孙，最终形成内容丰富、体系宏大的家训——《颜氏家训》。书中记载了"夜觉晓非，今悔昨失""积财千万，无过读书""父母威严而有慈，则子女畏慎而生孝矣"等传世家训。

3. 朱子家训

清初著名理学家、教育家朱柏庐以“修身”“齐家”为宗旨，编写了《朱子家训》，用于规范子女的日常行为。《朱子家训》自问世以来流传甚广，被历代士大夫尊为“治家之经”。书中记载了“一粥一饭，当思来处不易”“自奉必须俭约，宴客切勿流连”“勿贪意外之财，勿饮过量之酒”“施惠勿念，受恩莫忘”等经典家训。

资料来源：中国文明网

（四）加强儿童营养保健和体育锻炼

指导家长积极带领儿童开展体育活动；根据儿童的个人特点，寻找科学合理又能被儿童接受的膳食方式；科学搭配儿童膳食，做到营养均衡、比例适当、膳食定量、调配得当；科学管理儿童的体重，学习关于儿童营养的科学知识；与儿童一起制订合理的家庭生活作息制度，培养儿童良好的生活和卫生习惯；定期带儿童做健康检查。

（五）丰富儿童感性经验

指导家长重视生活的教育价值，为儿童创设丰富的教育环境，带领儿童关心周围事物及现象，多开展接触大自然的户外活动，参观科技馆、博物馆、美术馆等，开阔儿童的眼界，丰富儿童的感性经验；尊重和保护儿童的好奇心和学习兴趣，支持和满足儿童通过直接感知、实际操作和亲身体验获取经验的需要，避免开展超出儿童认知能力的超前教育和强化训练。

（六）增强安全意识

指导家长尽可能消除居室和周边环境中的危险性因素；结合儿童的生活和学习，在共同参与的过程中对儿童实施安全教育；重视儿童的体能素质，提高其自我保护能力，减少儿童伤害。

（七）培养儿童生活自理能力和劳动意识

指导家长鼓励儿童做力所能及的事情，学习和掌握基本的生活自理方法，参与简单的家务劳动，在生活点滴中启发儿童的劳动意识，保护儿童的劳动兴趣。

家政服务员可以指导家长采用以下方法减轻儿童对劳动的抵触情绪：① 以游戏形式开展劳动活动，如劳动竞赛；② 适当示弱，采用向儿童寻求帮助的方式让其参与劳动；③ 多加表扬，减少批评和指责。

（八）科学做好入学准备

指导家长重视儿童幼儿园与小学过渡期的衔接适应，充分尊重和保护儿童的好奇心和学习兴趣，帮助儿童形成良好的任务意识、规则意识、时间观念，学会控制情绪，能正确表达自己的主张，逐步培育儿童通过沟通解决同伴问题的意识和能力；坚决抵制和摒弃让儿童提前学习小学课程和教育内容的错误倾向。

四、6～12 岁儿童的家庭教育指导

6～12 岁儿童的生理发展处在相对平稳、均衡的时期，入学学习是儿童生活中的一个重大转折。儿童的身高和体重加速发展；大脑仍在持续快速发展，以具体思维为主，逐步向抽象思维过渡；情绪总体稳定，偶有较大波动；个人气质更加明显；能逐步客观地进行自我评价，注重权威评价；社会交往能力增强，开始有较为稳定的同伴关系；学习能力逐步提高，学习策略逐步完善；自理能力增强。在此阶段，家政服务员开展家庭教育指导的要点如下。

（一）培养儿童朴素的爱国情感

指导家长重视优秀传统文化的价值，了解家乡特色习俗和中华民族的共同习俗，过好中国传统节日和现代公共节日；开展家国情怀教育，多给儿童讲述仁人志士的故事、中华民族传统美德、国家发展的成就等；指导儿童写好中国字，说好中国话；初步了解优秀传统文化的内涵，培养儿童作为中华民族一员的归属感和自豪感。

视野拓展

中国传统节日

中国重大的传统节日有春节（农历正月初一）、元宵节（农历正月十五）、清明节（公历 4 月 5 日前后）、端午节（农历五月初五）、七夕节（农历七月初七）、中秋节（农历八月十五）、重阳节（农历九月初九）等。

此外，各少数民族也保留着自己的传统节日，如傣族的泼水节（图 8-5）、蒙古族的那达慕大会、彝族的火把节、瑶族的达努节、白族的三月街民族节、藏族的望果节、苗族的跳花节等。

图 8-5　傣族的泼水节

资料来源：中国政府网

（二）提升儿童道德修养

指导家长提升自身道德修养，处处为儿童做表率，结合身边的道德榜样和通俗易懂的道德故事，培养儿童良好的道德行为习惯；创设健康向上的家庭氛围；与学校、社会形成合力，净化家庭和社会文化环境；从大处着眼，从小事入手，及时抓住日常生活事件教育儿童孝敬长辈、尊敬老师，学会感恩、帮助他人，诚实为人、诚信做事。

（三）培养儿童珍惜生命、尊重自然的意识

指导家长将生命教育纳入生活实践中，带领儿童认识自然界的生命现象，帮助儿童建立热爱生命、珍惜生命、呵护生命的意识；抓住日常生活事件，引导儿童增强居家出行的自我保护意识，学习基本的自救知识与技能；引导儿童树立尊重自然、顺应自然、保护自然的发展理念，养成勤俭节约、低碳环保的生活习惯。

（四）培养儿童良好的学习习惯

指导家长注重儿童学习兴趣的培养，保护和开发儿童的好奇心，鼓励儿童的探索行为；引导儿童形成按时独立完成任务、及时总结、不懂善问的习惯，成为学习的主人；正确对待儿童的学习成绩，设置合理期望，不盲目攀比；用全面和发展的眼光看待、评价儿童，增强儿童学习信心。

（五）培养儿童健康的生活习惯

指导家长科学安排儿童的膳食，引导儿童养成健康的膳食习惯；培养儿童关注个人卫生和环境卫生，养成良好的卫生习惯；培养儿童良好的作息习惯，保证儿童睡眠充足，每日睡足 10 小时；为儿童提供良好的学习环境，注意用眼卫生并定期检查视力；养成科学用耳习惯，控制耳机等娱乐性噪声接触，定期检查听力；引导并督促儿童坚持开展体育锻炼，培养一两项能够终身受益的体育爱好；配合卫生部门定期做好儿童健康监测。

（六）培养儿童的劳动习惯

指导家长正确认识劳动对儿童成长的价值；坚持从细微处入手，提高儿童的生活自理能力，养成生活自理的习惯；给儿童创造劳动的机会，教授儿童一定的劳动技能，培养劳动热情，树立劳动创造价值的观念；根据儿童的年龄特征、性别差异、身体状况等特点，安排适度的劳动内容、时间和强度，做好劳动保护；让儿童了解家庭收支状况，适度参与家庭财务预算，视家庭经济状况和儿童的年龄给适量的零用钱，引导儿童合理支配零用钱，形成正确的消费意识。

（七）积极参与家校社协同教育

指导家长主动与学校沟通联系，了解儿童在学校的学习、生活情况，与学校共同完成相应的教育活动，提高儿童的学习效果；参与学校的家长委员会、家长学校、家长会活动以及亲子活动等，自觉接受家庭教育指导；积极参与学校管理，主动根据需要联系社会资源，与学校共创良好育人环境。

素质之窗

推动学校家庭社会形成协同育人共同体

2023 年 1 月，教育部等 13 个部门联合印发《关于健全学校家庭社会协同育人机制的意见》（以下简称《意见》），提出到 2035 年，形成定位清晰、机制健全、联动紧密、科学高效的学校家庭社会协同育人机制。

为强化家庭教育，《意见》强调，家长要切实履行家庭教育主体责任，强化责任意识，注重家庭建设，树立科学的家庭教育观念，掌握正确的家庭教育方法，为子女健康成长创造良好的家庭环境。

除树立意识、掌握方法外，《意见》要求家长要主动协同学校教育和社会教育，要积极参加学校组织的家庭教育指导和家校互动活动，主动参与家长委员会有关工作，积极配合学校依法依规严格管理教育学生。要充分认识社会实践对子女教育的重要作用，根据子女年龄情况，主动利用闲暇时间带领或支持子女通过多种方式体验社会。

“家长要履行好家庭教育主体责任，主动协同学校教育，引导子女体验社会，提高家庭教育水平，这有赖于家庭教育指导公共服务。”专家指出，建立家庭教育指导公共服务体系，也是《家庭教育促进法》赋予各级政府的重要法定责任。

对此，《意见》提出，到“十四五”时期末，要实现“家庭教育指导服务更加专业”“城乡社区家庭教育指导服务站点普遍建立”的目标。同时，围绕建立家庭教育指导公共服务体系出台了一系列政策，要求县级以上地方人民政府明确本地家庭教育指导机构，组织建立家庭教育指导服务专业队伍；要求将家庭教育指导纳入城乡社区公共服务重要内容，积极构建普惠性家庭教育公共服务体系；要求有关高等院校、科研机构、专业团体开展学校家庭社会协同育人理论与实践研究，加强理论建设与专业人才培养，积极推进家庭教育指导专家队伍建设等。

资料来源：江苏监察网

五、12～15 岁儿童的家庭教育指导

12～15 岁是儿童从童年向成年的过渡期。儿童的生殖器官逐步发育，出现性冲动和性好奇；整体身体素质好；大脑发展迅速，抽象思维能力增强，记忆和观察水平不断提高；自尊心强，重视外表，建立自我同一性成为本阶段儿童最重要的任务；情绪波动大，敏感易怒，容易有挫折感，情感内隐；易和家长产生冲突；重视同伴交往及其评价，对父母依恋减少；责任心增强，自我控制能力明显发展；正处于生理发育的关键过渡期，关注个人外表和他人评价，情绪敏感，追求独立，需要建立自我同一性。在此阶段，家政服务员开展家庭教育指导的要点如下。

小贴士

自我同一性是指个体对自我在时间上的连续性与稳定性、与他人的分离性的认识，包括以下两个方面：① 确认自我，同时对自身理想、价值观和其他与自我发展相关的重要方面建立起稳定、连续的认识；② 个体对自我的认识与外界对其的认识达成一致。

（一）重视价值观教育

指导家长理解、践行社会主义核心价值观，以身作则，为儿童树立榜样；结合发生在家庭、学校和社会的事件开展价值观教育，培育儿童正确的思想观念和价值取向；通过儿童喜闻乐见的方式，讲好中国故事，用爱国主义激发儿童的梦想，让儿童能够结合自己的现实和未来，自觉践行爱国、敬业、诚信、友善等价值准则；让儿童学习正确认识与分析问题，分辨是非。

素质之窗

解读社会主义核心价值观

1．国家层面：富强、民主、文明、和谐

富强、民主、文明、和谐是我国在社会主义初级阶段的奋斗目标，体现了社会主义核心价值观在发展目标上的规定，是立足国家层面提出的要求。

在当代中国，实现国家昌盛、人民幸福和民族复兴，符合近代以来中国人民寻求民族复兴的共同愿景，是一个能够凝聚起亿万人民群众智慧和力量的宏伟目标。

2．社会层面：自由、平等、公正、法治

自由、平等、公正、法治体现了社会主义核心价值观在价值导向上的规定，是立足社会层面提出的要求，反映了社会主义社会的基本属性，始终是党和国家奉行的核心价值理念。

中国共产党是马克思主义政党，马克思主义追求的终极目标是人的自由和全面的发展，党从成立之初就将其写在自己的旗帜上，并为之不懈奋斗，在实践上极大发展了人民的自由和平等，极大发展了社会的公正和法治。

3．公民层面：爱国、敬业、诚信、友善

爱国、敬业、诚信、友善体现了社会主义核心价值观在道德准则上的规定，是立足公民层面提出的要求，体现了社会主义价值追求和公民道德行为的本质属性。

《公民道德建设实施纲要》发布以来，中共中央多次在重要会议和重要文件中论及公民道德规范方面的内容。爱国、敬业、诚信、友善，贯穿了社会公德、职业道德、家庭美德、个人品德各方面，集成了中华民族传统美德、中国共产党人革命道德和社会主义新时期道德的精华，具有很强的全面性和系统性。

资料来源：央视网

（二）重视儿童青春期人格发展

指导家长认识青春期儿童发展特征，不断调整教养方式；帮助儿童悦纳自我；尊重儿童自主意愿，鼓励儿童独立思考与理性表达；培养儿童应对挫折、适应环境的能力和坚毅品格；引导儿童以合理的方式宣泄情绪，积极调控心理，自主自助，预防和克服各种可能产生的青春期心理障碍；正确对待儿童“叛逆”行为。

（三）增强儿童学习动力

指导家长帮助儿童树立正确的学习目标，将学习的外在动力转化为内在动力；培养儿童勤奋学习、持续学习的意志力；重视儿童学习方法和学习习惯的养成，帮助儿童形成制订合理的学习计划的能力；指导儿童正确应对学习压力，克服考试焦虑，在儿童考试受挫时鼓励儿童。

（四）提高儿童信息素养

指导家长正确认识媒介对儿童的影响，掌握必要的信息知识与方法；了解儿童使用各种媒介的情况，培养儿童对信息的是非辨别能力和加工能力；鼓励儿童在使用网络等媒介的过程中学会自我保护、自我尊重、自我发展；丰富儿童生活，规范上网行为，预防网络依赖；了解网络成瘾标准，能够在专业机构和人员的帮助下，指导儿童戒除网络成瘾行为。

网络成瘾

根据国家卫生健康委发布的《中国青少年健康教育核心信息释义（2018 版）》，网络成瘾是指在无成瘾物质作用下对互联网使用冲动的失控行为，表现为过度使用互联网后导致明显的学业、职业和社会功能的损伤。诊断网络成瘾障碍，持续时间是一个重要标准，一般情况下相关行为至少持续 12 个月才能确诊。

网络成瘾包括网络游戏成瘾、网络色情成瘾、信息收集成瘾、网络关系成瘾、网络赌博成瘾、网络购物成瘾等，其中网络游戏成瘾最为常见。

（五）对儿童进行性教育

指导家长充分了解青春期生理卫生知识，对儿童开展适时、适度的性教育，让儿童了

解必要的青春期知识，认识并适应身体的生理变化；开展科学的性心理辅导，对儿童进行与异性交往的指导；加强对儿童的性道德教育，帮助儿童认识到对性健康和生殖健康应当采取负责任的态度和行为。

（六）构建良好的亲子关系

指导家长与儿童平等相处，理解儿童自主愿望，保护儿童隐私权；学会倾听儿童的意见和感受，学会尊重、欣赏、认同和分享儿童的想法；学会运用民主、宽容的语言和态度对待儿童，促进良性亲子沟通。

你在青春期时与父母的相处模式是怎样的？有哪些事情令你印象深刻？

（七）重视生涯规划指导

指导家长正确认识自己的孩子，帮助儿童客观认识自我，勇于面对现实，保持信心；支持儿童参与志愿服务、研学等社会实践活动，协同学校合理安排儿童进行一定的农业生产、工业体验、服务业实习等劳动实践，引导儿童加深对各种职业的了解；协助儿童综合分析学业水平、兴趣爱好，并根据个性特征合理规划未来；宽容对待儿童在做自我选择时与家长的分歧。

六、15～18岁儿童的家庭教育指导

15～18岁的儿童已经进入青春中后期。儿童在外貌上与成年人接近，身体各器官逐步发育成熟，发育进入相对稳定期；认知结构的完整体系基本形成，抽象逻辑思维占据优势地位；情绪不稳定，情感内隐，易感到孤独；重视同性和异性的友谊，并可能萌发爱慕感情；自制力和意志力增强但仍不成熟；独立性强，有决断力；观察力、联想能力迅速发展。在此阶段，家政服务员开展家庭教育指导的要点如下。

（一）引导儿童树立国家意识

指导家长引导儿童树立国家意识，增强儿童的公民意识和社会责任感，关注社会发展，将个人理想与国家需要相结合，认识国家前途、命运与个人价值实现的统一关系，学会将个人理想与国家的发展、现实的奋斗相结合。

（二）培养儿童法治观念

指导家长加强法律知识学习，正确理解自由、平等、公正、法治的内在含义及要求，成为儿童尊法、学法、守法、用法的榜样；掌握家庭法治教育的内容和方法，引导儿童树立权利与义务相统一的观念，养成尊法、守法的行为习惯，学会在法律和规则框架内实现

个人的自由意志；与儿童建立民主、平等的关系，切实维护儿童权益。

（三）提高儿童交往合作能力

指导家长根据该年龄段儿童个性特点，引导儿童积极开展社交活动和正常的异性交往；以性道德、性责任、性健康、预防和拒绝不安全性行为为重点，开展性教育；对有恋爱行为的儿童，给予正确引导；鼓励儿童在集体生活中锻炼自己，学会与人相处，体验与人合作的快乐；帮助儿童学会宽容待人，正确对待友谊；了解校园欺凌行为的性质、特点及家校合作的基本处理方法。

> 校园欺凌是指发生在校园内外、学生之间，一方（个体或群体）单次或多次蓄意或恶意通过肢体、口头语言、网络等对另一方（个体或群体）实施欺负、侮辱，使其遭受身体损害、财产损失或精神伤害的事件。

（四）培养儿童的责任意识

指导家长通过召开家庭会议等形式，与儿童平等、开放地讨论家庭事务，共同分担家庭的责任和义务，培养儿童的家庭责任感；引导儿童树立社会责任感，正确处理个人与自我、与他人、与社会的关系，勇于承担责任。

（五）加强儿童美育

指导家长培养儿童正确的审美观，养成发现美、欣赏美、表现美的能力；让儿童接触、欣赏自然美，培养热爱自然环境、热爱祖国美好河山的情感；欣赏文学和艺术，发展想象和表现美的能力；明确内在美与外在美的关系，理解劳动能创造美；加强自身修养，践行文明礼仪；增强对个性美的感受，提高自我评价能力，形成文明健康的生活方式。

（六）指导儿童以平常心对待升学

指导家长在迎考期间保持正常、有序的家庭生活，科学、合理地安排生活作息，保证儿童劳逸结合、身心愉快；保持适度期待，鼓励儿童树立自信心，以平常心面对考试；为儿童选择志愿提供参考意见，并尊重儿童对自身的未来规划与发展意愿。

七、特殊家庭和特殊儿童的家庭教育指导

（一）特殊家庭的家庭教育指导

特殊家庭在儿童教育方面通常会面临更多困难，更需要专业的家庭教育指导。常见的特殊家庭包括离异家庭、再婚家庭、农村留守儿童家庭、流动人口家庭、服刑人员家庭等。下面主要介绍离异家庭、再婚家庭和流动人口家庭的家庭教育指导要点。

1．离异家庭和再婚家庭的家庭教育指导

（1）引导家长正确认识和处理婚姻存续与教养职责之间的关系，对儿童的教养责任不因夫妻离异而消失，父母不能以离异为理由拒绝履行家庭教育的职责。

（2）指导家长学会调节和控制情绪，不在儿童面前流露对离异配偶的不满，避免将自身婚姻失败与情感压力迁怒于儿童；不简单粗暴或者无原则地迁就、溺爱儿童；强化非监护方的父母角色与责任，增强履职意识与能力，定期让非监护方与儿童见面，强化儿童心目中父（母）亲的形象；调动亲戚、朋友中的性别资源对儿童适当施加影响，帮助其充分发展性别角色。

（3）指导再婚家庭的夫妇多关心、帮助和亲近儿童，减轻儿童的心理压力，帮助儿童正视现实；对双方子女一视同仁；加强家庭成员之间的沟通，创设平和、融洽的家庭氛围。

2．流动人口家庭的家庭教育指导

鼓励家长勇敢面对陌生环境和生活困难，为儿童创造良好的生活环境；处理好家庭成员之间的关系，为儿童创设宽松的心理环境；多与儿童交流，帮助儿童适应新环境，了解儿童对新环境的适应情况；与学校加强联系，共同为儿童创造良好的学习环境。

（二）特殊儿童的家庭教育指导

特殊儿童是指生理和心理不同于正常人的儿童，包括智力障碍儿童、听力障碍儿童、视觉障碍儿童、肢体残障儿童、精神心理障碍儿童、智优儿童等。针对不同的特殊儿童，家庭教育指导的要点有所不同。

1．智力障碍儿童的家庭教育指导

指导家长树立医教结合的观念，引导儿童听从医生指导，拟订个别化医疗和教育训练计划；通过积极的早期干预措施改善障碍状况，并培养儿童的社会适应能力；引导家长坚定信心、以身作则，重视儿童的日常生活规范训练，并循序渐进、持之以恒。

2．听力障碍儿童的家庭教育指导

指导家长积极寻求早期干预，主动参与儿童语训，在专业人士协助下制订培养方案，充分利用游戏的价值，重视同伴交往的作用，发展儿童听力技能和语言交往技能，不断改善儿童的社会交往环境，逐步提高儿童的社会适应能力；加强对儿童的认知训练、理解力训练、运动训练和情绪训练。

3．视觉障碍儿童的家庭教育指导

指导家长及早干预，根据不同残障程度发展儿童的听觉和触觉，以耳代目、以手代目，提升缺陷补偿。对于低视力儿童，指导家长鼓励儿童运用剩余视力学习和活动，增强有效视觉功能。对于全盲儿童，指导家长训练其定向行走能力，增加其与外界接触的机会，提高其交往能力。

剩余视力是指视觉功能未受到损伤的部分。

4．肢体残障儿童的家庭教育指导

指导家长早期积极借助医学技术加强干预和矫正，使其降低残障程度，提高活动机能；营造良好的家庭氛围，用乐观向上的心态感染儿童；鼓励儿童正视现实，积极面对困难；教育儿童通过自己的努力，积极寻求解决问题的方法，以获取信心。

5．精神心理障碍儿童的家庭教育指导

引导家长营造良好的家庭氛围，给予儿童足够的关爱；加强与儿童的沟通与交流，避免儿童遭受不良生活的刺激；支持、尊重和鼓励儿童，多向儿童表达积极情感；多给儿童创造与伙伴交往的机会，培养儿童的集体意识，减少其心理不良因素；积极寻求专业帮助，通过早期干预改善疾病状况，提高儿童的社会适应能力和生活自理能力，促进疾病康复。

6．智优儿童的家庭教育指导

智优儿童是指智商超过同龄儿童平均发展水平，通常在文学、艺术等方面具有特殊才能的儿童。对于智优儿童，家政服务员可引导家长深入了解儿童的潜力与才能，正确、全面地评估儿童；从儿童的性格、气质、兴趣、能力、外部条件等实际出发，因材施教，循序渐进地开发儿童智力，发展儿童特长；坚持德智体美劳全面发展，提高儿童的综合素质；正确对待儿童的荣誉，引导儿童正确认识自己和他人，鼓励儿童在人群中平等交流与生活。

家庭教育案例讨论

【任务描述】

月月 10 岁时，父母便离婚了，月月主要由父亲抚养。不久后，母亲远嫁到其他城市，父亲也组建了新家庭，生了妹妹芳芳。为了照顾新家庭，父亲请来家政服务员照顾月月，而他自己经常忽略月月，认为只要满足她的物质需求就可以了。慢慢地，月月开始变得暴躁、敏感，经常逃学，恶意对待芳芳。父亲因此经常体罚月月，导致月月最终选择了离家出走。

【实施流程】

（1）学生自由分组，每组 4～6 人，并选出小组长。

（2）小组成员阅读上述案例，就以下问题进行讨论：① 月月的父亲存在哪些家庭教育问题？② 针对上述情况，家政服务员应如何开展家庭教育指导？

（3）小组长汇总、整理讨论结果，并在课堂上讲解。

（4）主讲教师对各小组进行点评。

学习成果自测

1．填空题

（1）家政服务员在开展家庭教育指导时，需要遵循思想性原则、科学性原则、________原则、________原则。

（2）参与法是指家政服务员直接参与儿童的教育过程，从________、________等方面对儿童进行指导的方法。

（3）________________是12～15岁儿童最重要的任务。

（4）对于智力障碍儿童，家政服务员可指导家长树立________的观念，引导儿童听从医生指导，拟订个别化医疗和教育训练计划。

2．单项选择题

（1）（　　）是指家政服务员直接向家长讲解家庭教育相关知识的方法。

A．讲授法　　B．讨论法

C．参与法　　D．案例讨论法

（2）某家长带儿童在户外玩耍时教儿童认识不同的植物，她采用了（　　）的方法。

A．因材施教　　B．严慈相济　　C．相机而教　　D．平等交流

（3）（　　）是儿童身心发展最快的时期。

A．0～3岁　　B．3～6岁　　C．6～12岁　　D．12～15岁

（4）在帮助12～15岁儿童进行生涯规划时，家政服务员应建议家长（　　）。

A．直接为儿童规划未来

B．为儿童选择热门职业作为理想职业

C．引导儿童加深对各种职业的了解

D．不支持儿童参与志愿服务

（5）下列选项中，（　　）不属于特殊儿童。

A．性格内向的儿童　　B．精神心理障碍儿童

C．智力障碍儿童　　D．智优儿童

3．简答题

（1）简述讨论法的一般步骤。

（2）家政服务员应如何指导家长对0～3岁儿童提供言语示范？

（3）家政服务员应如何指导家长培养6～12岁儿童的劳动习惯？

（4）简述15～18岁儿童家庭教育指导的要点。

（5）简述针对智力障碍儿童的家庭教育指导要点。

学习成果评价

请进行学习成果评价，并将评价结果填入表 8-2 中。

表 8-2 学习成果评价表

班级：__________ 姓名：__________ 学号：__________

<table>
<tr><th rowspan="2">评价项目</th><th rowspan="2">评价内容</th><th rowspan="2">分值</th><th colspan="2">评分</th></tr>
<tr><th>自我评分</th><th>教师评分</th></tr>
<tr><td rowspan="4">知识
（40%）</td><td>家庭教育指导的含义和作用</td><td>5</td><td></td><td></td></tr>
<tr><td>家庭教育指导的原则和方法</td><td>10</td><td></td><td></td></tr>
<tr><td>不同年龄段儿童的家庭教育指导要点</td><td>15</td><td></td><td></td></tr>
<tr><td>特殊家庭和特殊儿童的家庭教育指导要点</td><td>10</td><td></td><td></td></tr>
<tr><td rowspan="3">技能
（40%）</td><td>能够运用不同的家庭教育指导方法</td><td>15</td><td></td><td></td></tr>
<tr><td>能够针对不同年龄段的儿童开展家庭教育指导</td><td>15</td><td></td><td></td></tr>
<tr><td>能够针对特殊家庭和特殊儿童开展家庭教育指导</td><td>10</td><td></td><td></td></tr>
<tr><td rowspan="4">素养
（20%）</td><td>听从教师指挥，遵守课堂纪律</td><td>5</td><td></td><td></td></tr>
<tr><td>培养团队精神，提高团队凝聚力</td><td>5</td><td></td><td></td></tr>
<tr><td>增强服务意识，提高服务能力</td><td>5</td><td></td><td></td></tr>
<tr><td>守正创新，自信自强</td><td>5</td><td></td><td></td></tr>
<tr><td colspan="2">合计</td><td>100</td><td></td><td></td></tr>
<tr><td colspan="2">总分（自我评分×40%+教师评分×60%）</td><td colspan="3"></td></tr>
<tr><td>自我评价</td><td colspan="4"></td></tr>
<tr><td>教师评价</td><td colspan="4"></td></tr>
</table>

参考文献

［1］初立华．家政实务指南［M］．沈阳：辽宁人民出版社，2015．

［2］张平芳．现代家政学概论［M］．2版．北京：机械工业出版社，2017．

［3］张瀚文，韦国．家政服务员［M］．北京：化学工业出版社，2020．

［4］北京市民政局，北京市养老服务职业技能培训学校．养老护理员中级技能：视频操作版［M］．北京：华龄出版社，2018．

［5］人力资源社会保障部教材办公室．家政服务员（中级）［M］．北京：中国劳动社会保障出版社，2020．

［6］汪志洪．家政学通论［M］．北京：中国劳动社会保障出版社，2015．

［7］阮美飞．家务助理员（高级技能）［M］．杭州：浙江大学出版社，2017．